农产品质量安全管理与检测

贾春娟　张芬莲　庞孟阁　主编

Nongchanpin Zhiliang Anquan Guanli Yu Jiance

中国农业科学技术出版社

图书在版编目（CIP）数据

农产品质量安全管理与检测／贾春娟，张芬莲，庞孟阁主编. —北京：中国农业科学技术出版社，2018. 11（2025.1重印）

ISBN 978-7-5116-3807-6

Ⅰ.①农⋯　Ⅱ.①贾⋯②张⋯③庞⋯　Ⅲ.①农产品-质量管理-安全管理②农产品-质量检验　Ⅳ.①F307.5②S37

中国版本图书馆 CIP 数据核字（2018）第 272641 号

责任编辑　徐　毅
责任校对　马广洋

出 版 者　中国农业科学技术出版社
　　　　　北京市中关村南大街 12 号　邮编：100081
电　　话　（010）82106631（编辑室）　　（010）82109702（发行部）
　　　　　（010）82109709（读者服务部）
传　　真　（010）82106631
网　　址　http://www.castp.cn
经 销 者　各地新华书店
印 刷 者　北京建宏印刷有限公司
开　　本　880 mm×1 230 mm　1/32
印　　张　6. 75
字　　数　190 千字
版　　次　2019 年 1 月第 1 版　2025 年 1 月第 6 次印刷
定　　价　28. 00 元

《农产品质量安全管理与检测》
编 委 会

前　言

"民以食为天，食以安为先"。农产品质量安全不仅关系到人民群众的生命安全和身体健康，而且关系到企业的经济利益，影响到农产品的国内外竞争力，关系到农民、农村、农业的可持续发展。2015 年中央 1 号文件指出："提升农产品质量和食品安全水平。加强县乡农产品质量和食品安全监管能力建设。严格农业投入品管理，大力推进农业标准化生产。落实重要农产品生产基地、批发市场质量安全检验检测费用补助政策。建立全程可追溯、互联共享的农产品质量和食品安全信息平台。开展农产品质量安全县、食品安全城市创建活动"。

本书从农产品质量安全概况；农产品质量安全管控管理；农产品质量安全风险评估；农产品质量安全检验检测；农业标准化建设；农产品品牌建设；农产品质量安全县创建；农产品质量可追溯制度建设；农产品质量安全"三品一标"；农产品质量安全生产技术等 10 个方面做了阐述。可为农村基层工作者、农业技术人员专业用书，也可作为新型农业经营主体、新型职业农民和农村实用人才培训教材。

由于编写时间仓促，水平有限，对书中的错误和纰漏，敬请广大读者批评指正。

编　者

2018 年 7 月

目　　录

第一章　农产品质量安全概况

第一节　农产品质量安全的内涵及特点

一、农产品定义

《农产品质量安全法释义》指出："本法所称的农产品与日常生活中使用农产品的概念有所不同……法律中相关用语的定义可以是自然科学的定义，也可以是根据法律所调整的社会关系做出的解释，本条关于农产品的定义，属于后者"。可见，法律所调整的农产品是一系列社会关系的总和，主要包括4个方面的法

律范畴。

1. 农产品的主体

农产品的主体是从事农业生产经营的单位或个人，因为它"来源于农业"。这里要强调的是"来源于农业的初级产品"，也就是产品要来源于农业生产，不是来源于农业生产的产品就不是《中华人民共和国农产品质量安全法》（以下简称《农产品质量安全法》）调整的农产品。例如，动物园饲养的动物，是供人观赏和学习动物知识之用，这些动物不属于农产品；又如，人们家庭豢养的狗，如果用于看家护院或作伴侣动物，就不属于农业生产、农业活动的范畴，这部分狗就不属于农产品，不能用《农产品质量安全法》来调整；但是，豢养者一旦把所养的狗作为食材消费出售，其质量安全状况应受《中华人民共和国食品安全法》（以下简称《食品安全法》）调整。将狗毒死并出售狗肉供食用的行为，则涉嫌触犯生产、销售不符合食品安全标准的食品罪。

2. 农产品的获得方式

农产品的获得方式必须是"在农业活动中获得的"。《农产品质量安全法释义》同时指出，这里所讲的"农业活动"，既包括传统的种植、养殖、采集、捕捞等农业活动，也包括设施农业、生物工程等现代农业活动。因此，在市场上销售的农产品，属《农产品质量安全法》规范还是《食品安全法》调整，则要具体分析、区别对待。如果是农产品经销商通过商业采购行为获得农产品后进行销售，此商业经营的农产品的质量安全不受《农产品质量安全法》规范，应"按食品"由《食品安全法》规范。但是，农产品生产经营主体开设农产品直销经营机构，或农民将自产的农产品在市场上自销，则应属于农产品生产主体对农业活动中获得的农产品的出售行为，按照产品质量安全由生产主体负责的原则，其农产品质量安全应受《农产品质量安全法》调整。

3. 农产品"初级"的含义

《农产品质量安全法释义》指出，农产品的初级"既包括在农业活动中直接获得的，也包括通过分拣、去皮、剥壳、清洗、切割、冷冻、打蜡、分级、包装等加工，但未改变其产品的基本自然性状和化学性质的"。农产品收获后，为便于农产品的贮存、运输、出售，农产品生产主体进行分拣、去皮、剥壳、清洗、切割、冷冻、打蜡、分级、包装等行为，属于农产品的初级处理（加工）行为。

4. 农产品包括的产品

农产品包括植物、动物、微生物及其产品。农产品作为有机生物体，在农产品生产、流通、消费等环节，其外表形态不变，体现了农产品的自然属性。稻秆和稻谷、桃树和桃子、鸡和鸡蛋都是农产品，稻谷、桃、鸡蛋是植物、动物的产品，也是农产品，均受法律调整。

农产品按是否供人类食用，分为食用农产品、非食用农产品。《农产品质量安全法》主要调整的是食用农产品。

二、食用农产品与食品

供食用的农产品称之为食用农产品。食用农产品既可以作为食品直接食用，也可以作为食品原料加工、制作为食品；食用农产品与"农业活动"相结合受《农产品质量安全法》规范，食用农产品进入流通市场或加工环节，又"按食品"受《食品安全法》规范，食用农产品是食品中比较特殊的一类。

食用农产品与食品相比具有独特性：从产品特性来看，食用农产品具有生物活性（鲜活、易腐、储藏难）和规格不统一的特点；从生产过程来看，食用农产品从农田到餐桌，要经过农业产地环境、农业投入品使用、收获屠宰捕捞、储藏运输、保鲜、包装等多个环节，生产链条长，生产环境复杂、污染风险大；从生产方式看，我国农产品生产主体小而分散的居多，农业企业、专业合作社、家庭农场等主体尚在发展中，生产规模尚待提高，品牌意识尚待加强，加工水平和产业化经营水平还不高，特别是农产品质量安全的防控意识和防控水平亟须提高。

三、农产品质量安全

《农产品质量安全法》调整对象是食用农产品的质量安全。食用安全是农产品质量最基本要求，脱离了食用安全，农产品其他质量指标，包括再漂亮的外观、再美味的口感、再丰富的营养等都将为法律所不许市场所不容。因此，农产品质量是以安全为基础的质量与安全的有机结合。

农产品质量是对农产品的外观、营养、口感、风味、安全等方面总体品质的一个评判，主要包括感官、理化、营养、安全等方面的指标。感官指标指形状、颜色、大小等外观形状的指标；理化指标指含水量、发芽率等指标；营养指标指蛋白质、维生素等营养方面指标；安全指标通常是指卫生指标，主要有农（兽）药残留量、重金属量、病原微生物、添加剂等指标。

《农产品质量安全法》所称农产品质量安全，"是指农产品质量符合保障人的健康、安全的要求"。市场上销售的农产品必须符合农产品质量安全标准，禁止生产、销售不符合国家规定的农产品质量安全标准的农产品。农产品质量安全标准是强制性的技术规范。

四、农业转基因生物标识

1. 农业转基因生物

农业转基因生物是指利用基因工程技术改变基因组构成，用于农业生产或者农产品加工的动植物、微生物及其产品。主要包括：转基因动植物（含种子、种畜禽、水产苗种）和微生物；

转基因动植物、微生物产品；转基因农产品的直接加工品；含有转基因动植物、微生物或者成分的种子、种畜禽、水产苗种、农药、兽药、肥料和添加剂等产品。

2. 农业转基因生物标识

农业转基因生物标识的主要依据是《农业转基因生物安全管理条例》，在我国境内销售的列入农业转基因生物目录的农业转基因生物，应当有明显的标识，否则，不得销售。标识由生产、分装单位和个人负责。经营单位和个人在进货时，应当对货物和标识进行核对；经营单位和个人拆开原包装进行销售的，应当重新标识。

农业转基因生物标识应当载明产品中含有转基因成分的主要原料名称；有特殊销售范围要求的，还应当载明销售范围，并在指定范围销售。此外，农业部于 2002 年 1 月 5 日发布了《农业转基因生物标识管理办法》（2004 年 7 月 1 日修订），对农业转基因标识的标注方法等做了具体规定，并明确了第一批实施标识管理的农业转基因生物目录，包括大豆种子、大豆、大豆粉、大豆油、豆粕；玉米种子、玉米、玉米油、玉米粉；油菜种子、油菜籽、油菜；棉花种子；番茄种子、新鲜番茄、番茄酱。

3. 标识的标注方法

转基因动植物（含种子、种畜禽、水产苗种）和微生物，转基因动植物、微生物产品，含有转基因动植物、微生物或者其产品成分的种子、种畜禽、水产苗种、农药、兽药、肥料和添加剂等产品，直接标注"转基因××"。

转基因农产品的直接加工品，标注为"转基因××加工品（制成品）"或者"加工原料为转基因××"。

用农业转基因生物或用含有农业转基因生物成分的产品加工制成的产品，但最终销售产品中已不再含有或检测不出转基因成分的产品，标注为"本产品为转基因××加工制成，但本产品中已不再含有转基因成分"或者标注为"本产品加工原料中有转基因××，但本产品中已不再含有转基因成分"。

第二节　农产品质量安全管理的发展对策

农产品质量安全存在的问题

1. 农药污染

随着人口的增长和农作物产量的提高，全世界农药的种类和消耗量也随之显著增加。农药的施用在大幅提高农作物产量的同时，导致环境污染（如水体污染、土壤污染等），引起农产品的质量安全问题，农药残留已经成为危害人类健康的一个重要问题。Duan 等在 2012—2013 年对海南省的 334 个豇豆样品进行农残评估中发现，三唑磷残留对健康具有风险，且其与有机磷农药共同作用时风险加大，为确保豇豆农残的安全，需减少并限制有机磷农药的使用。Yang 等对 3 种热带水果的 117 个样品进行农残检测发现，其中，78 个样品农残超出限制标准。虽然这些水果的摄入量少，对公众健康的影响小，但仍然需要加强监管使风险降至最低。Bakrc 等收集了 1 423 份新鲜水果和蔬菜样品，检测发现，其中，754 份样品有农药残留、48 份水果样品和 83 份蔬菜样品的农残含量高于最大残留限量。对中国 7 个主要产区的栗子、核桃及松仁的农残调查结果显示，25.0%的样品含有两种以上农残，9.1%的样品农残多达 5 种，15.9%样品的农残高于最大残留限量。

2. 重金属污染

工业的快速发展和化学品的大量使用、农业环境的污染日益严重及某些区域自身高重金属背景，使得重金属从自然环境中迁移到农产品中，越来越多的农产品中均有不同程度的重金属残留，引起农产品质量安全问题。Li 等对珠江口滩涂复垦农田种植的农产品中重金属对健康的风险进行了评估，其研究显示，珠江口的土壤重金属含量很高，当地种植的大米和根菜类蔬菜重金属严重超标，铅、铬、镉和铜分别高出最高允许限额 94.3%、91.4%、88.6% 和 17.1%。其中，各种作物的镉和铜的健康风险指数分别为 3.683 和 1.665。对广西壮族自治区三锰矿恢复区的土壤和农作物的调查显示，该地区农作物受到重金属的污染，大部分农作物 Cd、Pb 和 Cr 的含量超过相应食品重金属含量限制标准。重金属暴露的健康风险评估进一步表明，因食用该地区农作物而摄入的 Cd 对健康具有较高潜在风险，矿区废弃土地未经修复不宜种植可食用农作物。Chabukdhara 等对印度城市工业区农业土壤和粮食作物重金属污染状况的研究表明，尽管城市工业区农业土壤的金属浓度在安全范围内，但农作物中的铅、铬、镍含量已远超出粮农组织及世卫组织安全的限制值，对消费者的健康形成了潜在危害。Resaid 等对伊朗市场上乳制品中的重金属含量进行评估发现，5 个不同品牌的 60 个样品中均有重金属残留，其中，28.3% 的样品中铅残留超出欧盟的限制值。

3. 真菌毒素

真菌毒素是一类由丝状真菌和真菌的次级代谢产物组成的一类有毒化合物。当前，已发现的真菌毒素有 300 多种，真菌毒素引起的急性或慢性中毒对人类健康造成很大的影响（如肝脂肪变性、肾小管变性和机能损伤）。真菌毒素污染及残留食品和可产生真菌毒素代谢产物的畜禽产品严重危害人类健康，需要不断地加强对真菌毒素的检测和研究，防止农产品污染或误食被污染的农产品。Li 等分析了来源于长江三角洲地区的 76 种谷类和食用油产品中的真菌毒素，发现玉米烯酮是所检样品中最普遍的一种真菌毒素，检出率达 27.6%，且 9.2% 的样品玉米烯酮污染超过国家标准。此外，4% 样品中黄曲霉毒素含量超标，有 2 个样品的赭曲霉素超标。为评估山东省玉米的真菌毒素污染状况，王燕等对山东省玉米主产县的 520 批次玉米样品中黄曲霉素、伏马毒素、呕吐毒素和玉米赤霉烯酮进行检测，结果表明，4 种真菌毒素的检出率分别为：3.65%、80%、6.35% 和 14.04%，伏马毒素和玉米赤霉烯酮是山东省玉米的主要风险因子，其污染需要引起人们的重视。Oteiza 等对阿根廷 5 958 份果汁和葡萄酒样品中的展青霉素和赭曲霉素 A 的浓度进行测定发现，两者的检出率分别为 33.5% 和 1.6%。Iqbal 等对 115 个鸡肉和 80 个鸡蛋样品中的黄曲霉毒素、赭曲霉毒素 A 和玉米赤霉烯酮的检测结果表明，3 种真菌毒素在鸡肉和鸡蛋样品中的检出率分别为 35%、41%、52% 和 28%、35%、32%。

4. 转基因农产品

近年来，转基因作物的种植面积迅速扩大。截至 2014 年，全球已经有 28 个国家种植了 181 万 hm² 的转基因作物，与 1996 年开始转基因作物商业化种植时相比，种植面积扩大了 100 倍。其中，超过 4/5 的大豆、2/3 以上的棉花、1/3 的玉米及 1/4 的油菜种植面积都是转基因作物。37 个国家和地区允许进口转基因农产品。过去的 20 年，转基因作物的种植产生了重大的效益，使得产量提高 22%，农民利润增加 68%。

随着转基因技术的发展，转基因农产品种类和数量急剧增加，但国内外针对转基因农产品的安全问题仍然存在着很多的争议和分歧，其安全性仍受到人们的质疑。人们的担忧主要集中在以下 4 个方面：第一，转基因农产品的营养安全性；第二，转基因农产品的毒性；第三，转基因农产品的潜在致敏性；第四，转基因农产品中外源基因的水平转移。因此，转基因农产品的开发及转基因农产品的种植和销售，必须经过严格的安全性评价和审批，与此同时，需不断提高农产品的质量安全检测技术，制定严格的转基因成分的定量检测与检验标准。

第三节 实施农业绿色发展目标

为贯彻党中央、国务院决策部署，落实新发展理念，加快推进农业供给侧结构性改革，增强农业可持续发展能力，提高农业发展的质量效益和竞争力，农业部决定启动实施畜禽粪污资源化利用行动、果菜茶有机肥替代化肥行动、东北地区秸秆处理行动、农膜回收行动和以长江为重点的水生生物保护行动等农业绿色发展五大行动。

一、实施农业绿色发展五大行动的重要意义

习近平总书记强调，绿水青山就是金山银山，要坚持节约资源和保护环境的基本国策，推动形成绿色发展方式和生活方式。今年中央1号文件提出，要推行绿色生产方式，增强农业可持续发展能力。各级农业部门要认真学习、深刻领会习近平总书记重要讲话精神，充分认识实施五大行动的重要意义，进一步增强推进农业绿色发展的紧迫感、使命感。

1. 实施农业绿色发展五大行动是落实绿色发展理念的关键举措

绿色发展是现代农业发展的内在要求，是生态文明建设的重要组成部分。近年来，我国粮食连年丰收，农产品供给充裕，农业发展不断迈上新台阶。但由于化肥、农药过量使用，加之畜禽粪便、农作物秸秆、农膜资源化利用率不高，渔业捕捞强度过大，农业发展面临的资源压力日益加大，生态环境亮起"红灯"，我国农业到了必须加快转型升级、实现绿色发展的新阶段。实施绿色发展五大行动，有利于推进农业生产废弃物综合治理和资源化利用，把农业资源过高的利用强度缓下来、面源污染加重的趋势降下来，推动我国农业走上可持续发展的道路。

2. 实施农业绿色发展五大行动是推动农业供给侧结构性改革的重要抓手

习近平总书记指出，推进农业供给侧结构性改革，要把增加绿色优质农产品供给放在突出位置。当前，我国农产品供给大路货多，优质品牌的少，与城乡居民消费结构快速升级的要求不相适应。推进农业绿色发展，就是要发展标准化、品牌化农业，提供更多优质、安全、特色农产品，促进农产品供给由主要满足"量"的需求向更加注重"质"的需求转变。实施绿色发展五大行动，有利于改变传统生产方式，减少化肥等投入品的过量使用，优化农产品产地环境，有效提升产品品质，从源头上确保优质绿色农产品供给。

3. 实施农业绿色发展五大行动是建设社会主义新农村的重要途径

农业和环境最具相融性，新农村的优美环境离不开农业的绿色发展。近年来，随着农业生产的快速发展，农业面源污染日益严重，特别是畜禽养殖废弃物污染等问题突出，对农民的生活和农村的环境造成了很大影响。习近平总书记强调，加快推进畜禽养殖废弃物处理和资源化，关系 6 亿多农村居民生产生活环境，是一件利国利民利长远的大好事。实施绿色发展五大行动，有利于减少农业生产废弃物排放，美化农村人居环境，推动新农村建设，实现人与自然和谐发展、农业生产与生态环境协调共赢。

二、深入实施农业绿色发展五大行动

1. 畜禽粪污资源化利用行动

坚持保供给与保环境并重，坚持政府支持、企业主体、市场化运作方针，以畜牧大县和规模养殖场为重点，加快构建种养结合、农牧循环的可持续发展新格局。在畜牧大县开展畜禽粪污资源化利用试点，组织实施种养结合一体化项目，集成推广畜禽粪污资源化利用技术模式,支持养殖场和第三方市场主体改造升级处理设施,提升畜禽粪污处理能力。建设畜禽规模化养殖场信息直联直报平台,完善绩效评价考核制度,压实地方政府责任。力争到2020年基本解决大规模畜禽养殖场粪污处理和资源化问题。

2. 果菜茶有机肥替代化肥行动

以发展生态循环农业、促进果菜茶质量效益提升为目标,以果菜茶优势产区、核心产区、知名品牌生产基地为重点,大力推广有机肥替代化肥技术,加快推进畜禽养殖废弃物及农作物秸秆资源化利用,实现节本增效、提质增效。2017年选择100个果菜茶重点县(市、区)开展示范,支持引导农民和新型经营主体积造和施用有机肥,因地制宜推广符合生产实际的有机肥利用方式,采取政府购买服务等方式培育有机肥统供统施服务主体,吸引社会力量参与,集成一批可复制、可推广、可持续的生产运营模式。围绕优势产区、核心产区,集中打造一批有机肥替代、绿色优质农产品生产基地(园区),发挥示范效应。强化耕地质量监测,建立目标考核机制,科学评价试点示范成果。力争到2020年,果菜茶优势产区化肥用量减少20%以上,果菜茶核心产区和知名品牌生产基地(园区)化肥用量减少50%以上。

3. 东北地区秸秆处理行动

坚持因地制宜、农用优先、就地就近、政府引导、市场运作、科技支撑,以玉米秸秆处理利用为重点,以提高秸秆综合利用率和黑土地保护为目标,大力推进秸秆肥料化、饲料化、燃料化、原料化、基料化利用,加强新技术、新工艺和新装备研发,加快建立产业化利用机制,不断提升秸秆综合利用水平。在东北地区60个玉米主产县率先开展秸秆综合利用试点,积极推广深翻还田、秸秆饲料无害防腐和零污染焚烧供热等技术,推动出台秸秆还田、收储运、加工利用等补贴政策,激发市场主体活力,构建市场化运营机制，探索综合利用模式。力争到 2020 年，东北地区秸秆综合利用率达到 80% 以上，基本杜绝露天焚烧现象。

4. 农膜回收行动

以西北为重点区域，以棉花、玉米、马铃薯为重点作物，以加厚地膜应用、机械化捡拾、专业化回收、资源化利用为主攻方向，连片实施，整县推进，综合治理。在甘肃、新疆、内蒙古等地区建设 100 个治理示范县，全面推广使用加厚地膜，推进减量替代；推动建立以旧换新、经营主体上交、专业化组织回收、加工企业回收等多种方式的回收利用机制，试点"谁生产、谁回收"的地膜生产者责任延伸制度；完善农田残留地膜污染监测网络，探索将地面回收率和残留状况纳入农业面源污染综合考核。力争到 2020 年，农膜回收率达 80% 以上，农田"白色污染"得到有效控制。

5. 以长江为重点的水生生物保护行动

坚持生态优先、绿色发展、减量增收、减船转产，逐步推进长江流域全面禁捕，率先在水生生物保护区实现禁捕，修复沿江近海渔业生态环境。加大资金投入，引导和支持渔民转产转业，将渔船控制目标列入地方政府和有关部门约束性考核指标，到 2020 年全国压减海洋捕捞机动渔船 2 万艘、功率 150 万 kW。开展水产健康养殖示范创建，推进海洋牧场建设，推动水产养殖减量增效。强化海洋渔业资源总量管理，完善休渔禁渔制度，联合有关部门开展海洋伏季休渔等专项执法行动，继续清理整治"绝户网"和涉渔"三无"船舶。实施珍稀濒危物种拯救行动，加强水生生物栖息地保护，完善保护区功能体系，提升重点物种保护等级，加快建立长江珍稀特有物种基因保存库。力争到 2020 年，长江流域水生生物资源衰退、水域生态环境恶化和水生生物多样性下降的趋势得到有效遏制，水生生物资源得到恢复性增长，实现海洋捕捞总产量与海洋渔业资源总承载能力相协调。

三、加强组织领导，确保五大行动有序开展

1. 落实工作责任

农业部已经印发果菜茶有机肥替代化肥行动方案，近期将印发其他四大行动方案。各省级农业部门要把推动农业绿色发展五大行动作为当前的重点工作，抓紧研究制定本地区实施方案，明确目标任务、推进路径、责任分工，加大项目、资金、资源整合力度，完善绩效考核、资金奖补、农产品推介展示等激励机制，充分调动地方政府特别是县级政府抓农村资源环境保护的积极性，形成齐抓共管、上下联动的工作格局，确保各项行动有条不紊推进、取得实效。

2. 强化市场引领

要进一步转变工作方式，采取政府购买服务等方式，加大市场主体培育力度，积极发展生产性服务业。充分发挥新型经营主体的引领作用，按照"谁参与谁受益"的原则，充分调动生产经营主体特别是规模经营主体的积极性，鼓励第三方和社会力量共同参与，合力推动农业绿色发展。同时，要建立健全有进有出的运行机制，加强市场监管力度，进一步规范市场主体行为、落实市场主体责任。

3. 创新技术模式

要加强科技创新联盟建设，积极开展产学研协作攻关，加大配套新技术、新产品和新装备的研发力度。抓好试点示范，集成组装一批可复制可推广的技术模式，扩大推广范围，放大示范效应。结合新型职业农民培训工程、现代青年农场主培育计划等，强化技术培训，开展技术交流，提升技术应用水平。

4. 突出重点地区

各地要结合产业发展特色，突出种养大县，优先选择产业基

础好、地方政府积极性高的地区，加大资金和政策支持力度，加快实施绿色发展战略。特别是国家现代农业示范区、农村改革试验区、农业可持续发展试验示范区和现代农业产业园要统筹推进五大行动，率先实现绿色发展。

第二章 农产品质量安全管控管理

第一节 国内外农产品质量安全管控比较

目前，中国农产品质量安全管控构架已建立，从形式上看与国外发达国家极尽相同，但在国外行之有效的管控体系和监管制度在国内却收效甚微。本文通过对国内外管控理念、管控体系和管控制度的比较，提出完善农产品质量安全管控体系的重点和具体制度建设的要点，为今后农产品质量安全管控政策的制定提供相关理论依据。

一、国内外管控理念比较

质量安全管控理念在很大程度上影响甚至决定着管控体系的建设、管控制度的运行及管控措施的实施。首先对国内外农产品质量安全的管控理念进行比较。

1. 保护"公共利益"与保护"产业利益"

保护公共利益，维护消费者权益，是政府实施质量安全管控的出发点。同样，保护经济利益，确保产业发展，也是政府职能之所在。两者孰轻孰重，是放弃消费者利益，维护产业发展，还是保护公众利益，牺牲产业发展，这在发达国家已成为评判国家食品安全管控的重要标准之一。

欧美等国都把保护消费者利益作为政府应尽的职责，政府制定和实施食品安全法的目的就是为了依法维护公共利益。例如，英国食品安全监管机构食品标准署就是以保护消费者利益为导向，一方面向公众提供相关的食品质量信息和涉及质量安全的决策信息；另一方面让消费者代表常驻食品标准署，为各项食品安全政策的制定提供建议。此外，食品标准署还与消费者参与的咨询委员会和消费者顾问小组密切合作，以便让消费者获得专业的建议。

然而，中国不少地区的地方政府依旧将经济发展放在第一位，优先考虑地方产业发展。在此观念指导下，对当地农产品生产者和经营者的质量管理"睁一只眼，闭一只眼"，只要不出现大的安全事件就不去监管，或找种种理由阻碍落实管控政策。所以，中国消费者很少有机会参与质量安全的决策，在产业利益的压力下处于劣势的消费者，只有成为被牺牲的对象。

2. 以"预防"为主与以"检查处理"为主

目前，指导发达国家质量安全管控的理念已由原来的"检查为主"转变为"预防为主"。如美国，从1980年代开始就强调预防为主的食品安全管控。2011 年美国颁布实施的《食品安全现代化法案》第一项内容就是对食品安全的预防管理。该法案要求食品生产和加工企业以及为农产品提供包装和储存的企业必须制订基于风险的 HACCP 食品安全计划。实施该计划的企业能够预先识别质量风险，安排好控制措施，监管出现质量隐患的关键点，有效预防农产品质量安全问题的发生。德国食品安全监管始终强调"预防为主"，在生产过程中尽可能采取一切积极有效措施，将发生食品安全的风险降至最低。

当前中国农产品质量管控更多的是以"处理为主"的事后监管。在这种管控理念指导下，质量安全管控部门疏于日常对生产、加工和流通的质量监管，一般是在重大质量安全事件发生后，在事故对社会造成负面影响或损失已经发生了的情况下，才自上而下、自后而前地进行检查和行业整顿。这种管控方式，一方面，会产生高昂的成本，如"三氯氰胺事件"对消费者的直接赔付约 11.1 亿元，为确诊三氯氰胺可能导致的相关疾病进行的医疗检查投入约 3 亿元；另一方面，还会导致农产品生产经营主体疏于对生产过程和流通过程中常规的质量控制，缺乏安全农产品供给动力，未能有效预防农产品质量安全事件的发生。

二、宏观层面安全管控体系比较

宏观层面的农产品质量安全管控体系包括诸多方面的内容，本文只选择国内外差距较大、国内存在问题较多的法律法规体系、管控的组织体系、质量标准体系、检验检测体系以及信息发布体系进行比较。

1. 法律法规体系

英国、美国、日本、加拿大等国都建立了比较完善的有关农产品质量安全的法律法规体系，违法者依照本国法律承担相应的法律责任，法律起到了应有的规制作用。以美国为例，早在

1906 年就通过了对食品安全进行监管的第一部全国性法律《食品和药品法》，1938 年通过了《联邦食品、药品和化妆品法》。此后，美国先后出台《联邦肉检验法》《禽肉制品检验法》《蛋制品检验法》和《食品质量保护法》等法律法规，使食品安全监管法律体系逐步完善。到目前为止，美国制定了 14 类 100 多个有关食品安全的法律法规，为食品安全监管提供了明确的标准和监管程序，其法律法规体系具有以下特点：一是对质量安全的立法具有层次性。既有综合性法律又有针对不同产品制定的法律，还有针对不同环节制定的法律，形成了比较严密的农产品质量安全管理法规体系。二是法律的覆盖面广。美国的法律法规几乎覆盖了所有食品，为食品安全制定了非常具体的标准以及监管程序。三是法律的惩治力度较大。农产品质量安全的违法者不仅要承担对于受害者的民事赔偿责任，而且还要受到行政制裁，直至刑事处罚。

中国关于食品质量规制国家层面的法律有 1995 年通过的《中华人民共和国食品卫生法》，2006 年实施的《农产品质量安全法》和 2009 年颁布实施的《中华人民共和国食品安全法》。此外，还相继出台了一系列部门的法律规章，如《农产品产地安全管理办法》《农产品包装和标识管理办法》《农药管理条例》《中华人民共和国动物防疫法》《兽药管理条例》《饲料和饲料添加剂管理条例》等。从表面看，中国的法律法规体系也比较完善，但在实践中并未取得应有的规制效果，主要原因：一是条款规定比较笼统，只对食品质量、食品卫生等做了一些笼统性规定，缺乏明确定义和具体细化限制，给违法者留下了违法空间。二是法律体系缺乏系统性和统一性，忽视了多种法律责任之间的配合与协调，致使在实际操作中给执法部门带来诸种不便，某些食品生产和销售者以种种手段逃避法律规定的各种责任，给食品安全管制留下隐患。三是法律惩治力度较弱，违法成本低于非法收益，间接鼓励了不法分子违法。

2. 安全管控组织体系

国家管控组织体系的合理与否，可在一定程度上影响管控政策实施的效果和效率。美国国家层面的食品安全监管机构主要包括食品和药品管理局、食品安全检验署、国家环保署和国家海洋渔业署，同时，各州和地方都设有监管机构，形成联邦政府、州政府和地方政府间既相互协作又相对独立覆盖全国的食品安全管控组织体系。这些机构对不同种类及处于不同生产、销售阶段的食品安全监管发挥着重要的组织保障作用。值得注意的是，美国联邦政府并不完全依赖于州或地方政府进行食品安全监管，还通过向全国派出大量调查员并设立检测中心和实验室来获取分析结果，从而实现全国食品安全的辅助监管。

目前，中国食品安全管控组织体系已初步形成，即由农业、卫生、食品药品监督管理部门共同负责的组织架构。相比之前的农业部、卫生部、国家质量监督检验检疫局、国家环保总局、商务部和国家工商行政管理局等部门分段管理，职责划分相对清晰，职责交叉和空白的区域大幅减少。但仍存在以下突出问题：监管部门如何分工与协调才能使监管更有效率；农产品从地头到餐桌的每个环节如何衔接才能有效完成全产业链的管理；目前中国的监管部门只设到县级，而生产农产品的乡镇和村级单位无监管机构设置，如何低成本、高成效地保证农产品源头质量等，都是需要解决的问题。

3. 质量标准体系

制定食品安全标准并予以强制执行，是政府在食品安全监管中的重要职能之一。发达国家食品安全标准种类多且层次分明，标准覆盖面广且针对性强。以美国蔬菜标准为例，主要包括保护消费者不受伪劣产品欺骗和标签误导的蔬菜识别标准，保护消费者在不知情的情况下购买存在安全问题的蔬菜质量标准，避免消费者受欺诈的蔬菜容器填充标准以及蔬菜质量分级标准。为了与国际食品安全质量标准接轨，大多数国家采用国际食品法典委员会和国际标准化组织制定的食品安全标准。1980年代，英国、法国、德国等国采用国际标准的比例已达80%，日本国际标准采用率达90%以上，而目前世界第一人口大国的中国食品安全标准，采用国际标准的比例仅为60%。

中国食品标准主要由国家标准、行业标准、地方标准、企业标准四级标准组成，约有4 900项。尽管标准众多，但未能真正发挥作用，主要原因：第一，食品安全标准多但不统一，不仅存在同一产品标准相互矛盾的现象，而且还存在不同地方、不同人群适用不同的食品安全标准的状况。第二，食品安全标准覆盖面不全，仍存在部分食品无标准可依的状况。如一些馒头、小菜等无包装的食品缺乏统一质量标准等。第三，食品安全标准水平低，不能与国际接轨。中国许多标准比国际标准低，如农药残留限量、一些重金属的限量、食品添加剂限量等都高于国际安全标准。第四，一些农产品技术标准可操作性差，针对性不强，重点不突出。

4. 检验检测体系

建立完善的农产品质量安全检测监督体系，可为产品质量提供组织保障。以日本为例，日本农林水产省和厚生劳动省建有完善的农产品质量安全检测监督体系。日本农林水产省设立了消费者技术服务中心，其重要职能之一就是负责全国各都、道、府、县的农产品质量安全调查。农产品进入市场后，由厚生劳动省的市场卫生检查所进行质量抽查并公布检验结果。批发市场、日本农协都对农产品进行检查，诸多检查部门多层面的检查，共同构成了日本从农田到餐桌的农产品质量安全检测监督体系。

中国政府非常重视农产品质量安全检验、检测体系的构建，在全国规划建设了280个国家级、部级农产品质检中心，同时，全国近 1/3 的地、市、县建立了以速测为主的农产品质量安全检测站。目前，中国的检验检测体系仍存在如下问题：一是检测机构布局不尽合理，表现为发达地区检验机构多，落后地区少甚至没有；城市市场较多，农村地头市场缺失；县级以上单位设有，村乡（镇）级空白。这种不合理的布局致使很多农产品检验存在真空地带，为食品质量安全埋下隐患。二是缺乏现代化检测设备，检测技术和手段及方法落后。笔者调研某大型产地批发市场，该市场设有检验室，虽每天抽检进入市场的农产品，但是一个样本 6~7 个小时后才出检测结果，经销商不可能等待结果出来后再销售，所以，这种落后的检验实乃形同虚设。

5. 信息发布体系

在保护消费者利益的管控理念指导下，发达国家十分重视公众在食品质量安全方面的知情权。如英国《1999 年食品标准法》规定，食品标准局获得的任何信息除依法不得公开的以外，全部向公众公布。美国政府十分重视食品安全管理的公开性和透明度，建立了食品安全信息系统，该系统定时发布食品市场检测信息，及时通报不合格食品及其召回信息，使消费者了解食品安全的真实情况。同时，政府还通过公众集会、公告等多种形式以及互联网和投寄等多种渠道，向消费者和其他利益相关者发布大量与消费者、食品生产经营者以及食品质量安全研究机构有关的食品质量安全信息。

中国在食品安全信息建设方面远远落后于发达国家。食品安全检测数据、食品安全监督检查信息、食品安全事件及其处理信息至今仍未实现完全公开化、透明化、及时化。在食品安全信息的收集、处理及发布上还比较分散，没有形成正式制度。食品安全信息交流平台还不完善，消费者获取食品安全信息的渠道有限，政府负责食品安全监管的相关部门与公众之间缺少及时、有效的信息交流。

三、微观层面的管控制度比较

宏观层面的管控制度着重事先警告和事后管理，微观层面的制度安排体现的则是过程管理，把问题解决在农产品的生产、流通过程中。微观层面具体的管控制度众多，本文选择生产过程、流通过程和整个产业链中的主要制度进行比较分析。

1. 生产过程的良好农业操作规范、良好生产操作规范、危害分析和关键点控制

良好农业操作规范、良好生产操作规范、危害分析和关键点控制被国外视为保证农产品质量安全微观层面最有效的措施而得到广泛应用。美国规定，在农产品种植环节农场主推行良好农业操作规范，加工环节的生产商采用良好生产操作规范，在生产过程中通过对微生物污染、化学污染和物理污染进行危害分析及关键点控制。在食品加工领域，日本和新加坡早在 20 世纪就引进了良好生产操作规范。

中国分散经营、小规模生产的农业经营体制决定了良好农业操作规范在农产品生产过程中难以实施。以蔬菜为例，农业投入品的名称、来源，病虫草害的发生和防治情况，农药的生产档案记录，很难形成规范化、制度化管理。尽管政府引导、鼓励在规模较大的食品加工企业运用 HACCP 系统进行食品安全管理，但由于监管导致企业额外成本增加，企业并不积极、主动实施危害分析和关键点控制。而数量众多的小企业和家庭作坊，基本上不按生产操作规程作业，为农产品质量安全埋下隐患。

2. 流通过程的市场准入制度和强制性检验制度

农产品流通过程中有效保证农产品质量的重要微观制度之一是食品质量安全市场准入制度。该制度规定具备规定条件的生产者才允许进行生产经营活动，具备规定条件的食品才允许生产销售。强制性检验指未经检验或经检验不合格的食品不准出厂销

售。对检验合格的食品要加印市场准入标志，否则，不准进入市场销售。英国、美国、加拿大等国监管部门对农产品加工和销售过程进行检查，对于检查出的违法违规农产品，可以查封、扣押和销毁。

中国在部分农产品批发市场、大型农贸市场、超市建立了市场准入验证查标制度和质量抽查制度，但很多地区尤其是县级及以下市场食品质量的市场准入制度缺失，即使在设有抽检制度的市场上也存在产品涵盖范围小，检查项目有限，市场例行监测流于形式的问题。致使包装不符合要求、信息不全，甚至一些伪劣、假冒农产品流进市场，并毫无制约地流向消费者。

3. 整个产业链的追溯制度

建立追溯制度，实现食品的可追溯，成为发达国家政府保证农产品质量安全的重要举措之一。美国于 2004 年颁布了《食品安全跟踪条例》，要求所有涉及食品生产、包装、储存、运输、配送和进口的企业都必须建立和保全有关食品生产、流通的全过程记录，以便进行食品安全跟踪与追溯。美国农产品可追溯制度形成了一个完整的链条，包括投入品可追溯、农业生产环节可追溯、包装加工环节可追溯和流通销售过程可追溯。在任何一个环节出了问题，都可追溯到上一个环节，有效保证了农产品质量安全。欧盟规定，食品、饲料、供食品制造用的家禽以及与食品、饲料制造相关的物品，在生产、加工和销售的各个阶段必须建立食品安全可追溯制度，只有能够追溯的产品才允许上市销售。英国食品安全监管的特征之一是执行追溯制度。监管机构发现食品存在问题，能通过电脑记录很快查到食品来源和出问题的环节，通知公众紧急收回，最大限度地保护消费者权益。

中国的追溯制度建设起步较晚，在一些发达的地区、部分农产品试行产品可追溯。目前存在的主要问题：第一，追溯体系建设缺乏统一规划，多个单位分头建设。目前既存在农业部组织建立的追溯体系，还存在部分地方政府构建"从农田到餐桌"的全程追溯体系，也存在以企业为主建立的企业内部追溯体系。这种分头建设不仅资源、信息不能共享导致成本高昂，也容易造成地区或产品不能参加追溯的空白地带。第二，参与者缺乏压力和动力。尽管各级政府非常重视追溯体系的建设，但由于缺乏追溯管理相关法规，未对企业追溯管理作出硬性要求，大部分企业实施追溯管理缺乏自觉。农产品的生产者和经营者没有动力，参与追溯的积极性不高。

第二节 我国农产品质量安全管控重点和目标

一、农产品质量安全管控重点

农产品质量安全管控是一项长期艰巨的任务及复杂的系统工程，不能完全照搬国外管控体系和操作制度，须考虑本国历史传统、基本国情和经济发展阶段等因素。现阶段中国农产品质量安全管控重点如下。

1. 明确管控理念

食品安全领域关乎人体生命健康，由事后追责与处罚转变为基于预先风险控制的食品安全监管模式已经成为发达国家安全管控的主体。中国农产品安全监管更多地注重事后监管，而不是从农产品质量源头进行有效防范。管控理念，以防范为主，防治结合，建立安全危机预警机制，及时发现危机前兆，防患于未然。

在经济发展某个阶段当产业利益和消费者利益发生冲突时，政府应考虑长远利益而非短期收益、全局利益而非部门利益、国家整体利益而非地方利益。政策制定应以科学性的危害分析为基础，在综合考量各方面利益得失基础上，确立农产品质量安全管控宗旨和理念。

2. 宏观管控体系建设重点

进一步完善农产品质量安全的法律法规，改革组织体系，健全检验检测体系，建立统一的安全标准体系和权威的信息发布体系。在这个过程中有 3 个重点须充分考虑和体现。

一是消费者在宏观体系建设中的地位和作用。在各项法律、法规、政策制定过程中鼓励消费者参与，充分听取消费者的建议，确保各项政策能真正维护消费者的利益。当遇到复杂、涉及面广的问题时，需要相关部门通过各种途径收集消费者对该问题的看法及所提建议。鼓励消费者在食品安全监管中发挥作用，充分赋予消费者权益，改变面对质量投诉时消费者作为个体的劣势地位。

二是重视专家参与。随着农业生产投入品的推陈出新，各种生产加工新技术在食品生产中的应用以及工业生产所带来的水体和大气污染，引发食品安全的因素越来越多，越来越复杂，风险也越来越大，为食品安全监管工作增加了难度。在此背景下，应充分利用专家力量，让专家参与各项政策的制定、新技术推广前的评估和食品安全监管工作。

三是明确责任主体。在农产品生产、运输、加工、储存、销售整个产业链中，明确各行为主体的责任和政府在各环节监管中的职责。农产品的生产者和加工者应根据食品安全法规的要求生产，确保其加工、销售的食品符合安全卫生标准。出现问题时作为当事人对食品安全负主要责任。政府应制定合适的标准，监督企业按照这些标准和食品安全法规进行食品生产，并在必要时采取制裁措施。出现安全问题后，凡违法和渎职者均应承担对于受害者的民事赔偿责任，而且还要受到行政乃至刑事制裁。

3. 保证微观层面制度可操作性的重点

中国很多微观制度的框架已搭建起来，为使实施取得良好的效果，应着重从以下几方面开展工作。

其一，加强对各行为主体的培训。受培训者包括农产品的生产者、加工商、销售者和政府监管部门的相关人员。培训内容包括培训生产流通主体的质量安全意识、诚信意识，逐步提高其道德水平。培训生产主体掌握安全生产知识，培训流通主体科学、安全的贮存、保鲜等技术。只有各主体具备了良好素质，农产品质量才能得以保证。同时，聘请专家对各级食品监管部门的相关工作人员进行培训，一是提高其监管的责任感；二是针对食品企业规模小、数量多的现实，培训监管人员熟练运用信息系统履行监管职责的能力。

其二，政府给予足够的资金支持。HACCP 的建立，追溯制度的实施，批发市场快速检验设备的购买等，都需要资金投入，在企业和流通商不愿或无能力承担供给安全农产品所需成本时，政府应给予相应的财政支持。何况中国在食品安全方面的财政投入远远低于发达国家。资金应用重点：一是资助农产品安全生产技术的引入，如病虫害的物理防治技术；二是补偿农产品加工企业实施安全管理所增加的成本；三是支持流通过程提高保鲜技术的资金投入，如冷链物流建设所需资金。

其三，政府给予必要的现代技术支持。提升农产品质量需要有相应的现代技术支持，如安全生产所需的高效、低毒、低残留的农药研制，保鲜技术、安全加工技术的开发。此非一朝一夕之事，在企业不愿投资时，政府应设立专项基金，组织专门力量进行科技攻关。另外，在加工企业因成本或人员问题不愿引进现代安全生产技术时，政府可给予企业直接的技术扶持和辅助相关技术人员。

二、国家农产品质量安全监管工作目标

1. 强化属地管理责任

地方各级人民政府要对本地区农产品质量安全负总责，加强组织领导和工作协调，把农产品质量安全监管纳入重要议事日

程，在规划制订、力量配备、条件保障等方面加大支持力度。要将农产品质量安全纳入县、乡级人民政府绩效考核范围，明确考核评价、督查督办等措施。要结合当地实际，统筹建立食品药品和农产品质量安全监管工作衔接机制，细化部门职责，明确农产品质量安全监管各环节工作分工，避免出现监管职责不清、重复监管和监管盲区。要督促农产品生产经营者落实主体责任，建立健全产地环境管理、生产过程管控、包装标识、准入准出等制度。对农产品质量安全监管中的失职渎职、徇私枉法等问题，监察机关要依法依纪进行查处，严肃追究相关人员责任。

2. 落实监管任务

要加强对农产品生产经营的服务指导和监督检查，督促生产经营者认真执行安全间隔期（休药期）、生产档案记录等制度。加强检验检测和行政执法，推动农产品收购、储存、运输企业建立健全农产品进货查验、质量追溯和召回等制度。加强农业投入品使用指导，统筹推进审批、生产、经营管理，提高准入门槛，畅通经营主渠道。加强宣传和科普教育，普及农产品质量安全法律法规和科学知识，提高生产经营者和消费者的质量安全意识。各级农业部门要加强农产品种植养殖环节质量安全监管，切实担负起农产品从种植养殖环节到进入批发、零售市场或生产加工企业前的质量安全监管职责。

3. 推进农业标准化生产

要坚持绿色生产理念，加快制订保障农产品质量安全的生产规范和标准，加大质量控制技术的推广力度，推进标准化生产。继续推进园艺作物标准园、畜禽养殖标准化示范场、水产标准化健康养殖示范场和农业标准化示范县建设，加强对农业产业化龙头企业、农民合作社、家庭农场等规模化生产经营主体的技术指导和服务，充分发挥其开展标准化生产的示范引领作用。鼓励有条件的地方对安全优质农产品生产、绿色防控技术推广等给予支持。强化对无公害农产品、绿色食品、有机农产品、地理标志农产品的认证后监管，坚决打击假冒行为。

4. 加强畜禽屠宰环节监管

各地区要按照国务院机构改革和职能转变工作的要求，做好生猪定点屠宰监管职责调整工作，涉及的职能等要及时划转到位，确保各项工作有序衔接。各级畜牧兽医部门要认真落实畜禽屠宰环节质量安全监管职责，强化畜禽屠宰厂（场）的质量安全主体责任，督促其落实进厂（场）检查登记、检验等制度，严格巡查抽检，坚决杜绝屠宰病死动物、注水等行为。切实做好畜禽屠宰检疫工作，加强对畜禽防疫条件的动态监管，健全病死畜禽无害化处理的长效机制，严格执行畜牧兽医行政执法有关规定，严厉打击私屠滥宰等违法违规行为。

5. 深入开展专项治理

要深入开展农产品质量安全专项整治行动，严厉查处非法添加、制假售假等案件，切实解决违法违规使用高毒农药、"瘦肉精"、禁用兽药等突出问题。强化农产品质量安全行政执法，加大案件查办和惩处力度，加强行政执法和刑事司法的衔接，严惩违法犯罪行为。及时曝光有关案件，营造打假维权的良好社会氛围。加强农产品质量安全风险监测、评估和监督抽查，深入排查风险隐患，提高风险防范、监测预警和应急处置能力。推进农产品质量安全监管示范县创建活动，建立健全监管制度和模式。

6. 提高监管能力

要将农产品质量安全监管、检测、执法等工作经费纳入各级财政预算，切实加大投入力度，加强工作力量，尽快配齐必要的检验检测、执法取证、样品采集、质量追溯等设施设备。加快农产品质量安全检验检测体系建设，整合各方资源，积极引导社会资本参与，实现各环节检测的相互衔接与工作协同，防止重复建设和资源浪费。特别要加强县级农产品质量安全监管体系，将农产品质量安全监管执法纳入农业综合执法范围，确保监管工作落到实处。乡镇农产品质量安全监管公共服务机构以及承担相应职责的农业、畜牧、水产技术推广机构要落实责任，做好农民培训、质量安全技术推广、督导巡查、监管措施落实等工作。

第三节　农产品质量安全全程监管

一、农产品质量安全全程监管目标

农业农村部为贯彻落实中央农村工作会议精神要求各级农业部门要把农产品质量安全工作摆在更加突出的位置，坚持严格执法监管和推进标准化生产两手抓、"产"出来和"管"出来两手硬，用最严谨的标准、最严格的监管、最严厉的处罚、最严肃的问责，落实监管职责，强化全程监管，确保不发生重大农产品质量安全事件，切实维护人民群众"舌尖上的安全"。

通过努力，用3~5年的时间，使农产品质量安全标准化生产和执法监管全面展开，专项治理取得明显成效，违法犯罪行为得到基本遏制，突出问题得到有效解决；用5~8年的时间，使我国农产品质量安全全程监管制度基本健全，农产品质量安全法规标准、检测认证、评估应急等支撑体系更加科学完善，标准化生产全面普及，农产品质量安全监管执法能力全面提高，生产经营者的质量安全管理水平和诚信意识明显增强，优质安全农产品比重大幅提升，农产品质量安全水平稳定可靠。

二、加强农产品生产管理

1. 加强农产品产地安全管理

（1）加强农产品产地安全监测普查。探索建立农产品产地环境安全监测评价制度，集中力量对农产品主产区、大中城市郊区、工矿企业周边等重点地区农产品产地环境进行定位监测，全面掌握水、土、气等产地环境因子变化情况。结合全国污染源普查，跟进开展农产品产地环境污染普查，摸清产地污染底数，把好农产品生产环境安全关。

（2）做好农产品产地安全科学区划。结合监测普查，加快推进农产品产地环境质量分级和功能区划，以无公害农产品产地认定为抓手，扎实推进农产品产地安全生产区域划分。根据农产品产地安全状况，科学确定适宜生产的农产品品种，及时调整种植、养殖结构和区域布局。针对农产品产地安全水平，依法依规和有计划、分步骤地划定食用农产品适宜生产区和禁止生产区。对污染较重的农产品产地，要加快探索建立重金属污染区域生态补偿制度。

（3）加强产地污染治理。建立严格的农产品产地安全保护和污染修复制度，制定产地污染防治与保护规划，加强产地污染防控和污染区修复，净化农产品产地环境。会同环保、国土、水利等部门加强农业生产用水和土壤环境治理，切断污染物进入农业生产环节的链条。推广清洁生产等绿色环保技术和方法，启动重金属污染耕地修复和种植结构调整试点，减少和消除产地污染对农产品质量安全危害。

2. 严格农业投入品监管

（1）强化生产准入。依法规范农药、兽药、肥料、饲料及饲料添加剂等农业投入品登记注册和审批管理，加强农业投入品安全性评价和使用效能评定，加快推进小品种作物农药的登记备案。强化农业投入品生产许可，严把生产许可准入条件，提升生产企业质量控制水平，严控隐性添加行为，严格实施兽药、饲料和饲料添加剂生产质量安全管理规范。

（2）规范经营行为。全面推行农业投入品经营主体备案许可，强化经营准入管理，整体提升经营主体素质。落实农业投入品经营诚信档案和购销台账，建立健全高毒农药定点经营、实名购买制度，推动兽药良好经营规范的实施。建立和畅通农业投入品经营主渠道，推广农资连锁经营和直销配送，着力构建新型农资经营网络，提高优质放心农业投入品覆盖面。

（3）加强执法监督。完善农业投入品监督管理制度，加快农药、肥料等法律法规的制修订进程。着力构建农业投入品监管信息平台，将农业投入品纳入可追溯的信息化监管范围。建立健全农业投入品监测抽查制度，定期对农业投入品经营门店及生产企业开展督导巡查和产品抽检。严格农业投入品使用管理，采取强有力措施严格控肥、控药、控添加剂，严防农业投入品乱用和滥用，依法落实兽药休药期和农药安全间隔期制度。

（4）深入开展农资打假。在春耕、"三夏"、秋冬种等重要农时季节，集中力量开展种子、农药、肥料、兽药、饲料及饲料添加剂、农机、种子种苗等重要农资专项打假治理，严厉打击制售假冒伪劣农资"黑窝点"，依法取缔违法违规生产经营企业。进一步强化部门联动和信息共享，建立假劣农资联查联办机制，强化大案要案查处曝光力度，震慑违法犯罪行为。深入开展放心农资下乡进村入户活动。

3. 规范农产品生产行为

（1）强化生产指导。加强对农产品生产全过程质量安全督导巡查和检验监测，推动农产品生产经营者在购销、使用农业投入品过程中执行进货查验等制度。政府监管部门和农业技术推广服务机构要强化农产品安全生产技术指导和服务，大力推进测土配方施肥和病虫害统防统治，加大高效低毒低残留药物补贴力度，进一步规范兽药、饲料和饲料添加剂的使用。

（2）推行生产档案管理。督促农产品生产企业和农民专业合作社依法建立农产品质量安全生产档案，如实记录病虫害发生、投入品使用、收获（屠宰、捕捞）、检验检测等情况，加大对生产档案的监督检查力度。积极引导和推动家庭农场、生产大户等农产品生产经营主体建立生产档案，鼓励农产品生产经营散户主动参加规模化生产和品牌创建，自觉建立和实施生产档案。

（3）加快推进农业标准化。以农兽药残留标准制修订为重点，力争3年内构建科学统一并与国际接轨的食用农产品质量安全标准体系。支持地方农业部门配套制定保障农产品质量安全的质量控制规范和技术规程，及时将相关标准规范转化成符合生产实际的简明操作手册和明白纸。大力推进农业标准化生产示范创建，不断扩大蔬菜水果茶叶标准园、畜禽标准化规模养殖场、水产标准化健康养殖场建设规模和整乡镇、整县域标准化示范创建。稳步发展无公害、绿色、有机和地理标志农产品，大力培育优质安全农产品品牌，加强农产品质量认证监管和标志使用管理，充分发挥"三品一标"在产地管理、过程管控等方面的示范带动作用，用品牌引领农产品消费，增强公众信心。

4. 推行农产品产地准出和追溯管理

（1）加强产地准出管理。因地制宜建立农产品产地安全证明制度，加强畜禽产地检疫，督促农产品生产经营者加强生产标准化管理和关键点控制。通过无公害农产品产地认定、"三品一标"产品认证登记、生产自查、委托检验等措施，把好产地准出质量安全关。加强对产地准出工作的指导服务和验证抽检，做好与市场准入的有效衔接，实现农产品合格上市和顺畅流通。

（2）积极推行质量追溯。加快建立覆盖各层级的农产品质量追溯公共信息平台，制定和完善质量追溯管理制度规范，优先将生猪和获得"三品一标"认证登记的农产品纳入追溯范围，鼓励农产品生产企业、农民专业合作社、家庭农场、种养大户等规模化生产经营主体开展追溯试点，抓紧依托农业产业化龙头企业和农民专业合作社启动创建一批追溯示范基地（企业、合作社）和产品，以点带面，逐步实现农产品生产、收购、贮藏、运输全环节可追溯。

（3）规范包装标识管理。鼓励农产品分级包装和依法标识标注。指导和督促农产品生产企业、农民专业合作社及从事农产品收购的单位和个人依法对农产品进行包装分级，推行科学的包装方法，按照安全、环保、节约的原则，充分发挥包装在农产品贮藏保鲜、防止污染和品牌创立等方面的示范引领作用。指导农产品生产经营者对包装农产品进行规范化的标识标注，推广先进的标识标注技术，提高农产品包装标识率。

5. 加强农产品收贮运环节监管

（1）加快落实监管责任。按照国务院关于农产品质量和食品安全新的监管职能分工，抓紧对农产品收购、贮藏、保鲜、运输环节监管职责进行梳理，厘清监管边界，消除监管盲区。加快制定农产品收贮运管理办法和制度规范，抓紧建立配套的管控技术标准和规范。探索对农产品收贮运主体和贮运设施设备进行备案登记管理，推动落实农产品从生产到进入市场和加工企业前的收贮运环节的交货查验、档案记录、自查自检和无害化处理等制度，强化农产品收贮运环节的监督检查。

（2）加强"三剂"和包装材料管理。强化农产品收贮运环节的保鲜剂、防腐剂、添加剂（统称"三剂"）管理，制定专门的管理办法，加快建立"三剂"安全评价和登记管理制度。加大对重点地区、重点产品和重点环节"三剂"监督检查。强化对农产品包装材料安全评估和跟踪抽检。推广先进的防腐保鲜技术、安全的防腐保鲜产品和优质安全的农产品包装材料，大力发展农产品产地贮存保鲜冷链物流。

（3）强化畜禽屠宰和奶站监管。认真落实畜禽屠宰环节质量安全监管职责，严格生猪定点屠宰管理，督促落实进场检查登记、肉品检验、"瘦肉精"自检等制度。强化巡查抽检和检疫监管，严厉打击私屠滥宰、屠宰病死动物、注水及非法添加有毒有害物质等违法违规行为。严格屠宰检疫，未经检验检疫合格的产品，不得出场销售。加强婴幼儿乳粉原料奶的监督检查。强化生鲜乳生产和收购运输环节监管，督促落实生产、收贮、运输记录和检测记录，严厉打击生鲜乳非法添加。

（4）切实做好无害化处理。加强病死畜禽水产品和不安全农产品的无害化处理制度建设，严格落实无害化处理政策措施。指导生产经营者配备无害化处理设施设备，落实无害化处理责任。对于病死畜禽水产品、不安全农产品和假劣农业投入品，要严格依照国家有关法律法规做好登记报告、深埋、焚烧、化制等无害化处理工作。

三、强化专项整治和监测评估

1. 深化突出问题治理

深入开展专项整治，全面排查区域性、行业性、系统性风险隐患和"潜规则"，集中力量解决农兽药残留超标、非法添加有毒有害物质、产地重金属污染、假劣农资等突出问题。严厉打击农产品质量安全领域的违法违规行为，加强农业行政执法与刑事司法的有效衔接，强化部门联动和信息共享，建立健全违法违规案件线索发现和通报、案件协查、联合办案、大要案奖励等机制，坚持重拳出击、露头就打。

2. 强化检验监测和风险评估

细化各级农业部门在农产品检验监测方面的职能分工，不断扩大例行监测的品种和范围，加强会商分析和结果应用，确保农产品质量安全得到有效控制。强化农产品质量安全监督抽查，突出对生产基地（企业、合作社）及收贮运环节的执法检查和产品抽检，加强检打联动，对监督抽检不合格的农产品，依托农业综合执法机构及时依法查处，做到抽检一个产品、规范一个企业。大力推进农产品质量安全风险评估，将"菜篮子"和大宗粮油作物产品全部纳入评估范围，切实摸清危害因子种类、范围和危害程度，为农产品质量安全科学监管提供技术依据。

3. 强化应急处置

完善各级农产品质量安全突发事件应急预案，落实应急处置职责任务，加快地方应急体系建设，提高应急处置能力。制定农产品质量安全舆情信息处置预案，强化预测预警，构建舆情动态监测、分析研判、信息通报和跟踪评价机制，及时化解和妥善处置各类农产品质量安全舆情，严防负面信息扩散蔓延和不实信息恶意炒作。着力提升快速应对突发事件的水平，做到第一时间掌握情况，第一时间采取措施，依法、科学、有效进行处置，最大限度地将各种负面影响降到最低程度，保护消费安全，促进产业健康发展。

四、着力提升执法监管能力

1. 加强体系队伍建设

加快完善农产品质量安全监管体系，地县两级农业部门尚未建立专门农产品质量安全监管机构的，要在 2014 年年底前全部建立，依法全面落实农产品质量安全监管责任。依托农业综合执法、动物卫生监督、渔政管理和"三品一标"队伍，强化农产品质量安全执法监督和查处。对乡镇农产品质量安全监管服务机构，要进一步明确职能，充实人员，尽快把工作全面开展起来。按照国务院部署，大力开展农产品质量安全监管示范县（市）创建，探索有效的区域监管模式，树立示范样板，全方位落实监管职责和任务。

2. 强化条件保障

把农产品质量安全放在更加突出和重要的位置，坚持产量与质量并重，将农产品质量安全监管纳入农业农村经济发展总体规划，在机构设置、人员配备、经费投入、项目安排等方面加大支持力度。加快实施农产品质检体系建设二期规划，改善基层执法检测条件，提升检测能力和水平。强化农产品质量安全风险评估体系建设，抓紧编制和启动农产品质量安全风险评估能力建设规划，推动建立国家农产品质量安全风险评估机构，提升专业性和区域性风险评估实验室评估能力，在农产品主产区加快认定一批风险评估实验站和观测点，实现全天候动态监控农产品质量安全风险隐患和变化情况。

3. 加强属地管理和责任追究

各级农业部门要系统梳理承担的农产品质量安全监管职能，将各项职责细化落实到具体部门和责任单位，采取一级抓一级，层层抓落实，切实落实好各层级属地监管责任。抓紧建立健全考核评价机制，尽快推动将农产品质量安全监管纳入地方政府特别是县乡两级政府绩效考核范围。建立责任追究制度，对农产品质量安全监管中的失职渎职、徇私枉法等问题，依法依纪严肃查处。

4. 加大科普宣传引导

依托农业科研院所和大专院校广泛开展农产品质量安全科普培训和职业教育，探索建立和推行农产品生产技术、新型农业投入品对农产品质量安全的影响评价与安全性鉴定制度。加强与新闻宣传部门的统筹联动和媒体的密切沟通，及时宣传农产品质量安全监管工作的推进措施和进展成效。加快健全农产品质量安全专家队伍，充分依托农产品质量安全专家和风险评估技术力量，对敏感、热点问题进行跟踪研究和会商研判，以合适的方式及时回应社会关切。加强农产品质量安全生产指导和健康消费引导，全面普及农产品质量安全知识，增强公众消费信心，营造良好社会氛围。

5. 加强科技支撑

强化农产品质量安全学科建设，加大科技投入，将农产品质量安全风险评估、产地污染修复治理、标准化生产、关键点控制、包装标识、检验检测、标准物质等技术研发纳入农业行业科技规划和年度计划，予以重点支持。要通过风险评估，找准农产品生产和收贮运环节的危害影响因素和关键控制点，制定分门别类的农产品质量安全关键控制管理指南。加快农产品质量安全科技成果转化和优质安全生产技术的普及推广。

6. 强化服务指导

依托农产品质量安全风险评估实验室、农产品质量安全研究机构等技术力量，鼓励社会力量参与，整合标准检测、认证评估、应急管理等技术资源，建立覆盖全国、服务全程的农产品质量安全技术支撑系统和咨询服务平台，全面开展优质安全农产品生产全程管控技术的培训和示范，构建便捷的优质安全品牌农产品展示、展销、批发、选购和咨询服务体系。

7. 推进信息化管理

充分利用"大数据""物联网"等现代信息技术，推进农产品质量安全管控全程信息化。强化农业标准信息、监测评估管理、实验室运行、数据统计分析、"三品一标"认证、产品质量追溯、舆情信息监测与风险预警等信息系统的开发应用，逐步实现农产品质量安全监管全程数字化、信息化和便捷化。

第三章 农产品质量安全风险评估及可追溯性

第一节 农产品质量安全风险评估概述

一、农产品质量安全风险评估的重要意义

1. 保障国家农产品质量安全的需要

党的"十八大"以来，新一届中央领导高度重视农产品质量安全工作。习近平总书记强调指出，能不能在这个问题上给老百姓一个满意的交代是对我们执政能力的重大考验。可以说，中央

把农产品质量安全提得很高、看得很重，符合时代进步的要求，回应了社会的关切和期盼。风险评估作为《中华人民共和国农产品质量安全法》和《中华人民共和国食品安全法》对农产品质量安全、食品安全确立的一项最基本法律制度，也是国际社会对农产品质量安全和食品安全管理的通行做法。对农产品质量安全实施风险评估，既是政府依法履行监管职责、及时发现和预防农产品质量安全风险隐患的客观需要，也是农产品质量安全科学管理和构建统一、规范的农产品质量安全标准体系的现实需要。

2. 促进我国农产品国际贸易的需要

农产品质量安全风险评估作为制定农产品质量安全标准、技术法规的重要依据，已经成为世界各国应对农产品技术贸易壁垒、调控农产品进出口的必要手段。随着我国加入 WTO，农产品国际贸易高速发展，贸易总量不断增长、流通速度持续加快，与此同时，欧盟、美国、日本等国家，一方面逐步强化技术壁垒（TBT）和卫生与植物卫生措施（SPS）等各种技术贸易措施，限制和制约我国优势农产品的出口，严重影响了相关产业发展；另一方面，利用我国标准体系还不完善、部分标准薄弱滞后等情况，加大倾销力度，冲击相关产业发展。究其原因，我国农产品质量安全风险评估的科研积累严重不足，相关技术标准和应对手段缺乏，已经成为关键薄弱环节。加强我国农产品质量安全风险评估研究，不断提高现行偏低的质量安全标准，完善相关标准指标体系，构建质量安全预警快速反应机制和技术支撑体系迫在眉睫。

3. 加快农产品质量安全学科建设的需要

农产品质量安全是农业科学的重要新兴学科，农产品质量安全风险评估更是该学科的核心领域，其主要是对农产品安全危害因素的认定、评估、控制和预防，是农产品质量安全管理的重要技术基础。我国农产品质量安全风险评估工作与当前农产品质量安全依法监督和科学管理的需求相比，还有很大差距，与发达国家相比，在风险评估技术和风险管理预警等方面还有很多工作需要跟进。例如，缺乏成熟的农产品质量安全风险评估理论与技术，难以准确掌握农产品质量安全风险；缺乏科学合理的安全使用技术，难以有效控制农产品质量安全风险；缺乏简单快速样品前处理、准确高效的快速检测及精准检测技术，难以有效监测农产品质量安全；农产品质量安全标准体系不完善、配套性差，难以客观评价农产品质量安全。加强风险评估研究工作，为农产品质量安全学科建设提供支撑显得尤为重要。

二、农产品质量安全风险评估建设的新进展

经过多年的建设与发展，以农业农村部农产品质量安全风险评估实验室为主体的国家农产品质量安全风险评估体系，充分发挥科技、人才和条件等优势，不断强化内部运行管理，在评估能力和服务水平等方面得到了进一步加强，特别是在农产品质量安全科学研究方面得到了显著提升，为我国农产品质量安全宏观决策和市场监管提供了有力的技术支撑。

1. 构建了完善的农产品质量安全风险评估平台体系

截至目前，我国已经形成了以 1 个国家农产品质量安全风险评估机构为龙头、100 个农业部各专业性和区域性农产品质量安全风险评估实验室为主体、145 个各主产区农产品质量安全风险评估试验站为基础、农产品生产基地质量安全风险评估国家观测点为延伸的国家农产品质量安全风险评估体系，标志着我国农产品质量安全风险评估体系建设工作迈上了一个新台阶。这其中，中国农业科学院结合自身特点和优势，形成了 1 个国家级农产品质量安全风险评估机构、25 个部级风险评估实验室和 20 个院级风险评估研究中心组成的装备先进、分工明确、运转高效的学科平台体系，成为国家农产品质量安全学科体系中的一支重要支撑

力量。

2. 打牢了开展农产品质量安全科学研究的工作基础

首先，农产品质量安全学科领域聚集了一批优秀的人才队伍，研究力量逐步增强。以中国农业科学院为例，目前除中国农业科学院农业质量标准与检测技术研究所 1 个专业研究所外，还有水稻、油料、作科、牧医、家禽等 30 个研究所建设有农产品质量安全相关的研究团队，总人数近 1 000 人，同时，组建了 34 个创新工程科研团队。其次，在国家的大力支持下，通过《全国农产品质量安全检验检测体系建设规划》的实施，在仪器设备与实验室环境条件上，瞄准国际一流水平，高起点引进先进设备，建立了现代化的分析测试技术手段和与之相适应的实验环境条件，风险评估研究的条件保障能力大幅提升，部分风险评估实验室的整体水平，已经达到国际同类研究机构的试验条件和水平。

3. 形成了农产品质量安全风险评估研究工作的良好局面

近年来，以农业农村部农产品质量安全风险评估实验室为主体的研究体系，通过开展大量农产品质量安全检测技术研究工作，积累了大批监测数据，在揭示已知或未知危害因子的同一性与差异性规律等方面进行了较深入的研究；开展了农产品质量标准、新参数检测技术方法的创新研究和验证工作，制修订了许多产品质量标准和检测技术标准，填补了诸多国内空白；形成了以奶业链中黄曲霉毒素、兽药残留评价，黄曲霉毒素高灵敏检测技术研究与应用等为代表的一大批顶尖成果，部分研究领域已经赶超国际最高水平。总体来看，我国农产品质量安全风险监测与评估、风险预警与防范、风险交流与应用等研究工作已经步入快速发展和良性发展的轨道。

三、农产品质量安全风险评估实施进程

我国农产品质量安全风险评估体系以国家农产品质量风险评估专家委员会和农产品质量安全风险评估机构、实验室、试验站和动态观测点为主体。国家农产品质量安全风险评估专家委员会主要负责组织开展农产品质量安全风险评估专家评议工作，并向国家提出风险管理和风险交流建议。国家农产品质量安全风险评估机构负责牵头实施国家农产品质量安全风险评估工作，指导风险评估实验室的建设和业务工作，并承担风险评估实验室的申报评审、考核评价和技术指导。

农业农村部已建立起以国家农产品质量安全风险评估机构（农业部农产品质量标准研究中心）为龙头，农产品质量安全风险评估实验室为主体，农产品质量安全风险评估试验站为基础的风险评估体系，通过制订风险评估计划，分年度、按计划、有重点地对农产品质量安全风险隐患实施专项评估、应急评估、验证评估和跟踪评估，全面摸清和掌握各类农产品、各个环节存在的风险隐患的种类、范围和危害程度，提出全程监管的关键控制点，为农产品质量安全标准的制修订、执法监管、生产指导、消费引导、应急处置、舆情应对和科学研究提供强有力的数据支撑。

国家农产品质量安全风险评估重点围绕"菜篮子""米袋子"等农产品，针对隐患大、问题多的品种和环节进行评估，产品类别包括蔬菜、果品、柑橘、茶叶、食用菌、粮油作物产品、畜禽产品、生鲜奶、水产品、特色农产品、农产品收贮运环节和农产品质量安全环境因子等十二大类。

2014 年国家农产品质量安全风险评估统一按照专项评估、应急评估、验证评估和跟踪评估等 4 种方式进行。其中，专项评估主要针对风险隐患大的农产品，从生产的全过程找准主要的危

害因子和关键控制点，提出全程管控的技术规范或管控指南；应急评估主要针对突发性问题，通过评估找准风险隐患及症结所在，及时指导生产和引导公众消费，科学回应社会关切，确保不发生重大农产品质量安全事件；验证评估主要针对有关农产品质量安全的各种猜疑、说法和所谓的"潜规则"，通过评估还原事物本质，澄清事实真相，严防恶意炒作，避免对产业发展和公众消费产生不必要的影响；跟踪评估主要针对久治不绝的一些重大危害因子，通过评估及时掌握重大危害因子的发展变化趋势，为执法监管和专项整治提供技术依据。

第二节　农产品质量安全风险
评估的发展状况

一、我国农产品质量风险评估现状

我国将风险分析应用于食品安全管理方面始于20世纪90年代中后期，至今已在农产品、水产品等领域内取得了明显的效果。目前，丙烯酰胺的风险评估已达到了国际水平。2002年农业部畜牧兽医局成立动物疫病风险评估小组，依据世界动物卫生组织的有关规定对我国 A 类和 B 类动物疫病进行风险评估达到了预期的目的。近年来，国内开展相关危害因子风险评估的研究不断增多，并出现了大量的论述农产品质量安全风险评估方法和应用方面的专著和科技论文。

尽管如此，我国农产品质量安全风险评估总体上与发达国家还存在着很大的差距。多年来，我国在制定污染物限量标准的过程中也试图把风险评估的做法运用进去。但由于样本量小，检测监测手段有限，技术人员少，获得的相关数据少而不全，对于评价水平、评价结果有一定的影响。因此，目前我国只有一小部分污染物限量标准的制定是建立在低水平的风险评估基础之上，而大部分的标准则没有进行风险评估。

根据《农产品质量安全法》的规定，我国于 2007 年 5 月成立了首届国家农产品质量安全风险评估专家委员会，其职责是：研究提出国家农产品质量安全风险评估政策建议；组织制定国家农产品质量安全风险评估规划和计划；组织制定农产品质量安全风险评估准则等有关规范性技术文件；组织协调国内农产品质量安全风险评估工作的开展，提供风险评估报告，并提出有关农产品质量安全风险管理措施的建议；组织开展农产品质量安全风险评估工作的国内外学术交流与合作等。2011 年 12 月农业部在北京市召开农产品质量安全风险评估实验室建设启动会，向首批 65 家农业部农产品质量安全风险评估实验室进行授牌，全面启动了农产品质量安全风险评估实验室建设工作。这一系列举措标志着我国在农产品质量安全风险管理方面正在走向科学化和规范化的道路。

我国将风险分析应用于食品安全管理方面始于 20 世纪 90 年代中后期，至今已在农产品、水产品等领域内取得了明显的效果。目前，丙烯酰胺的风险评估已达到了国际水平。2002 年农业部畜牧兽医局成立动物疫病风险评估小组，依据世界动物卫生组织的有关规定对我国 A 类和 B 类动物疫病进行风险评估达到了预期的目的。近年来，国内开展相关危害因子风险评估的研究不断增多，并出现了大量的论述农产品质量安全风险评估方法和应用方面的专著和科技论文。尽管如此，我国农产品质量安全风险评估总体上与发达国家还存在着很大的差距。多年来，我国在制定污染物限量标准的过程中也试图把风险评估的做法运用进去。但由于样本量小，检测监测手段有限，技术人员少，获得的相关数据少而不全，对于评价水平、评价结果有一定的影响。因此，目前我国只有一小部分污染物限量标准的制定是建立在低水平的风险评估基础之上，而大部分的标准则没有进行风险评估。

根据《农产品质量安全法》的规定，我国于2007年5月成立了首届国家农产品质量安全风险评估专家委员会，其职责是：研究提出国家农产品质量安全风险评估政策建议；组织制定国家农产品质量安全风险评估规划和计划；组织制定农产品质量安全风险评估准则等有关规范性技术文件；组织协调国内农产品质量安全风险评估工作的开展，提供风险评估报告，并提出有关农产品质量安全风险管理措施的建议；组织开展农产品质量安全风险评估工作的国内外学术交流与合作等。2011年12月农业部在北京市召开农产品质量安全风险评估实验室建设启动会，向首批65家农业部农产品质量安全风险评估实验室进行授牌，全面启动了农产品质量安全风险评估实验室建设工作。这一系列举措标志着我国在农产品质量安全风险管理方面，正在走向科学化和规范化的道路。

二、农产品质量安全风险监测评估工作成效

近些年，我国农业相关部门在《食品安全法》《农产品质量安全法》等法律基础作用上，对农产品质量安全进行积极的把控作业。主要是在农产品质量安全风险评估这一重要的领域，展开一系列有效工作，从而推进农产品质量安全风险评估工作。

1. 基本形成了风险评估工作格局

农产品质量安全风险评估工作的实现其实要依托于国家政策的支持。2006年，经过中央农业部的积极部署，在我国建立了用以研究农产品质量的研究中心，研究中心是我国中国农业科学院农业质量标准与检测技术研究所的直属部门，在我国的农业生产过程中主要是对农产品质量与安全的监测标准、监测设备、监测技术进行研究与提升。

2. 搭建了风险预警信息平台

为了对农产品质量安全进行有效的监测与预警，国家层面，通过对农业部多年以来例行监测和普查数据资源的分析，科学地成立了相关的监测信息平台。借助互联网技术，对平台大数据进行分析、整合、划分，系统地掌握农产品生产过车中的质量与安全问题，以此为基础搭建预警平台。

3. 不断加大风险监测力度

由于农产品种类的多样化发展，要想全面的了解农产品当下的质量安全状况，就必须要加大监测力度、扩大监测范围，同时，要根据不同种类的农产品质量安全变化规律，及时作出调整。在实际的监测工作中，各地区要因地制宜地选择监测、抽查周期，并针对监测结果建立合理的报备制度。

4. 开展风险评估技术培训与交流

全球是一个统一的生态圈，我国农业发展过程中的质量问题，在其他国家也会有相应的体现。因此，在进行农产品质量安全风险监测和评估过程中，要用全局的发展眼光，积极地邀请外国监测中心的知名专家，共同展开农产品质量安全风险评估技术交流。

三、农产品质量安全风险评估存在的问题

在我国当前的农产品质量安全风险评估体系中，还需要进一步地加强对该工作的重视，从而更好地保障农产品风险评估工作的良好开展。但对于现今我国的农产品质量安全风险评估工作，还是存在一定问题，首先，在风险预警信息平台建设中，其建设力度还有待提升，在实际工作当中由于相关工作人员欠缺对该工作的重视，使得在建立农产品质量安全风险监测信息平台时，不能有效落实，而影响整体工作效率。其次，欠缺对风险监测的重视，在开展该工作时其力度还有待增强，应该加大对市场上的农

产品和相应的农业产品进行检测，保障相应农业用品的安全和合理，但是在当前市场上，还是存在很多伪劣产品，对农业产品市场带来一定影响，甚至会对农产品生产工作带来严重影响，所以，必须要加大对其质量安全风险评估工作的力度以及监测力度，从而更好地保障风险评估工作的良好开展。

四、农产品质量安全风险评估工作的对策

1. 应该重视规章制度的全面建设

在开展风险评估工作前，必须明确相应规定，进而在保障相应规定的有效实施当中更好地确保其质量安全风险评估工作的良好开展，进而对农产品质量安全风险监测工作进行规范和管理，进而让相应的评估结果能够在及时、客观、准确的条件下展示出来，这样不仅能够发挥其重要优势和作用，还能保障我国农产品行业的良好发展。也应该提升对卫生部门的协调与合作力度，对不同方面的资源进行整合分析，从而更好地发挥该行业的优势和特点，进而实现农产品质量安全监测工作体系和风险评估形式进行良好融合，建立相对科学合理的风险评估体系和制度，这样才能保障农产品质量安全风险评估工作的良好开展，更好地提升农产品质量安全，也能为推动我国农产品行业稳定发展奠定坚实基础。

2. 重视科学技术的研究与融入，建立信息化风险预警平台

我国应该要正视科学技术的研究与融入，从而更好地将科学技术融入到风险评估工作当中，使农产品质量安全风险评估工作更具科学性和合理性，并且，真正有效地建立信息化风险预警平台，更好地保障农产品质量安全，从而更好地推动农产品行业的稳定发展。首先，应该重视风险监测技术与相关设备的研发工作，使污染物系统筛查全分析技术、有害物质现场快速检测技术以及污染物与产地溯源检测技术等相关技术更好地发挥自身优势

和作用，更好地保障风险评估工作的有效完成。其次，重视对风险评估技术的研究，要加强对农产品当中包含的化学污染物剂量评估技术，风险指数评价方法以及指标体系，包含我国自主知识产权的风险评估设备等。最后，应重视研究农产品中有害物质形成机理的设备和代谢规律及防控技术等。

3. 重视人才队伍的建设工作

农产品行业应该重视人才队伍的培养和建设工作，为农产品质量安全风险评估工作提供更多优秀的人才，为农产品行业的良好发展奠定坚实基础。第一，要以实质性思想推动国家风险评估专家委员会的良好开展，从而更好地发挥专家的作用，并为开展相应工作提供有利的条件，从而保证开展相应工作时能够有专家的指导和帮助，确保相应工作的有效开展。第二，应该制定完善的农产品质量安全风险评估技术体系，开展首席科学家制度，选择一些优秀的科学家或是工作人员进入相应工作当中，从而保证农产品生产工作的有效开展，并对各个环节的风险因素进行有效的评估和检测，为相应工作的有效开展奠定稳定基础。第三，应该建立良好的风险评估技术培训工作，根据我国相应法律要求和相应标准等制定科学有效的技术培训工作，对相应的质检人员进行技术培训工作，从而不断提升其工作能力以及专业素质，为保障风险评估工作的有效开展提供有利基础。应该科学有效地利用信息化技术平台，制定在线培训活动，让相关工作人员能够在信息技术的帮助下不断增强自身能力，从而培养出高质量的风险评估队伍，为农产品事业的稳定发展提供有利条件。

4. 建立风险评估财政专项体系

对于农产品的质量安全风险评估工作来说，其涉及产业发展、民生发展以及经济发展等领域的最为重要的工作内容，所以，在开展相应工作时，必须要具有代表性，通过运用丰富的风险监测数据来支撑相应工作的良好开展，要有国家公共财政等部门给予其稳定的资金支持，才能更好地保障该工作的有效进行。

第三节　农产品质量可追溯性内涵

一、农产品质量可追溯性含义

农产品质量可追溯性是风险管理的新理念，是指农产品出现危害人类健康的安全性问题时，可按照农产品原料生产，加工上市至成品最终消费过程中各个环节所必须记录的信息，追踪产品流向，召回问题食品，切断源头，消除危害的性质。对于消费者而言，农产品质量安全可追溯性为其提供了透明的产品信息，使其有权知情并作出选择。

"可追溯性"是追溯制度建设中的一个基础性概念，它是利用已记录的标识追溯产品的历史、应用情况、所处场所或类似产品或活动的能力。对于农产品而言，可追溯性是指在农产品出现质量问题时，能够快速有效地查询到出现问题的原料或加工环节，必要时，进行产品召回，实施有针对性的惩罚措施，以提高农产品质量安全水平。

可追溯性，最早在 1987 年的 NF EN ISO 8402 中被定义为：通过记录的标识追溯某个实体的历史、用途或位置的能力。国际食品法典委员会（CAC）与国际标准化组织 ISO（8042：1994）把"可追溯性"定义为通过登记的识别码，对商品或行为的历史和使用或位置予以追踪的能力。欧盟委员会（EC178/2002）将食品行业"可追溯性"定义为"在生产、加工及销售的各个环节中对食品、饲料、食用性禽畜及有可能成为食品或饲料组成成分的所有物质的追溯或追踪力"。《饲料和食品链的可追溯性体系设计与实施的通用原则和基本要求》（ISO 22005：2007）中将"可追溯性"定义为跟踪饲料或食品在整个生产、加工和分销的特定阶段流动的能力。食品标准委员会（Codex）将"追溯能力"定义为"能够追溯食品在生产、加工和流通过程中任何指定阶段的能力，以保持食品供应链信息流的完整性和持续性。关于这个定义，欧洲主张使用 Traceability（追溯能力），美国主张使用 Product Tracing（产品追循）。食品标准委员会采取了折中方案，将2个词并列在一起。上述这些定义从不同方面描述了"可追溯性"的基本性质和特点。

在我国，《质量管理和质量保证——术语》（GB/T 6582.1994）将可追溯性界定为：追溯所考虑对象的历史、应用情况或所处场所的能力。中国良好农业规范（ChinaGAP）中对可追溯性的要求是：通过记录证明来追溯产品的历史、使用和所在位置的能力（即材料和成分的来源、产品的加工历史、产品交货后的销售和安排等）。

二、农产品质量可追溯性产生背景

"追溯"最早被应用于汽车制造业，农产品质量安全管理实行追溯是从20世纪80年代疯牛病事件后逐渐发展起来的，最早由法国等部分欧盟国家提出。2000年7月欧洲议会、欧盟理事会共同推出（EC）NO 1760/2000法令《关于建立牛科动物检验和登记系统、牛肉及牛肉制品标签问题》，第一次从法律的角度提出牛肉产品可追溯性要求，旨在作为食品安全管理的措施，帮助识别食品的身份、流通环节和来源，按照从原料生产至成品最终消费过程中各个环节所必须记载的信息，确认和跟踪食品生产链相关产品的来源和去向，在发生食品质量问题时，可以查找问题原因，迅速召回问题产品。2001年7月上海市颁发了《上海市食用农产品安全监管暂行办法》，提出在流通环节建立市场档案的可追溯体制，正式将可追溯制度应用于我国农产品质量安全领域。

三、农产品质量可追溯性实现途径

实现农产品质量安全可追溯性有两条途径：一种是按食品链从前往后进行追踪（Tracking），即从农场（生产基地）、批发商、运输商（加工商）到销售商。这种方法主要用于查找质量安全问题的原因，确定产品的原产地和特征。另一种是按食品链从后往前进行追溯（Tracing），也就是消费者在销售点购买的农产品发现了质量安全问题，可以向前层层进行追溯，最终确定问题所在。这种方法主要用于问题农产品召回和责任的追溯。

第四节　农产品质量可追溯性制度建设

一、农产品质量可追溯性法律法规

我国现行的与食品安全直接相关的法律《中华人民共和国农产品质量安全法》于2006年11月1日施行，该法规定了农业的初级产品，即在农业活动中获得的植物、动物、微生物及其产品的监管；2009年6月1日施行的《中华人民共和国食品安全法》（新版食品安全法共十章，154条，于2015年10月1日起正式施行，修订过程中三易其稿，被称为"史上最严"的食品安全法），第42条不仅规定了婴幼儿配方食品生产全程质量控制，而且还要求国家建立食品安全全程追溯制度；1993年9月1日施行的《中华人民共和国产品质量法》（修订版2000年9月1日起施行），规定了对产品质量的监督管理。

我国政府层面上农产品可追溯机制的最早记录，可以追溯到2001年7月上海市政府起草颁布的《上海市食用农产品安全监管暂行办法》，该法案明确要求"在农产品各个基地生产过程中，需要建立农产品生产过程的质量记录规程，确保农产品的可追溯性"。

2006 年 6 月农业部颁布的《畜禽标识和养殖档案管理办法》，要求"建立档案信息化管理，实现畜禽及其产品的可追溯"。为配套 2006 年 11 月施行《农产品质量安全法》，农业部又补充发布了《农产品产地安全管理办法》《农产品包装与标识管理办法》。

商务部于 2011 年 10 月 20 日印发了《关于"十二五"期间加快肉类蔬菜流通追溯体系建设的指导意见》，该指导意见要求加强技术创新，推进肉类蔬菜流通现代化；加大试点力度，全面推进城市追溯体系建设；延伸追溯链条，健全肉类蔬菜追溯网络等。

农业部于 2012 年 3 月 6 日印发了《关于进一步加强农产品质量安全监管工作的意见》，该意见指出"农产品需要统一产地质量安全合格证明和追溯模式，要求探索农产品质量安全产地追溯管理试点，最终实现农产品生产有记录、质量可追溯、流向可追踪、责任可界定"。各地区根据实际需要也出台了适合本地区的相关法律法规，如：2011 年，安徽省出台《安徽省建立健全农产品质量安全档案试行办法》，并在六安市霍山县组织试点。2012 年 10 月，黑龙江省出台《黑龙江省食品安全条例》，是黑龙江省首次将农产品质量安全追溯制度写入法规。2014 年 1 月甘肃省发布《甘肃省农产品质量安全追溯管理办法（试行）》等。

2014 年 1 月，农业部发布《关于加强农产品质量安全全程监管的意见》（农质发【2014】1 号），提出"加快建立覆盖各层级的农产品质量追溯公共信息平台，制定和完善质量追溯管理制度规范，以点带面，逐步实现农产品生产、收购、贮藏、运输全环节可追溯"；2014 年 11 月，农业部发布《关于加强食用农产品质量安全监督管理工作的意见》（农质发【2014】14 号），提出"农业部门要按照职责分工,加快建立食用农产品质量安全追溯体系,逐步实现食用农产品生产、收购、销售、消费全链条可追溯";各地根据工作实践也出台了一些地方性法规,如上海市 2001 年发布《上海市食用农产品安全监管暂行办法》(2004 年修订),要求"生产基地在生产活动中,应当建立质量记录规程,保证产品的可追溯性";甘肃省 2014 年 1 月发布《甘肃省农产品质量安全追溯管理办法(试行)》等。

二、农产品质量可追溯性标准规范

2002 年 7 月,国家质检总局发布《EAN-UCC 系统 128 条码》,2015 年 2 月施行修订版《商品条码 128 条码》。中国物品编码中心于 2004 年 6 月发布了《水果、蔬菜跟踪与追溯指南》和《牛肉产品跟踪与追溯指南》。2004 年 6 月发布《出境养殖水产品检验检疫和监管要求(试行)》《出境水产品追溯规程(试行)》实施的水产品贸易可追溯制度。从 2005 年 12 月发布《良好农业规范》到 2014 年 6 月发布了第 27 部分良好农业规范,为农产品生产阶段提供技术标准。农业部于 2007 年 9 月发布《农产品追溯编码导则》《农产品产地编码规则》。《农产品质量安全追溯操作规程通则》于 2009 年 4 月发布,之后又发布茶叶、水果、谷物、畜肉四大类产品操作规程,截至 2011 年 9 月又补充发布蔬菜等产品的操作规程等。据不完全统计,我国与食品相关的国家标准 2 000 多项,地方标准 1 000 多项,行业标准 3 000 多项。

三、质量安全可追溯体系实施情况

2004 年开始,农业部、食品药品监管总局、商务部、国家质监总局等相继开展了不同农产品领域的质量安全可追溯体系试点工作,例如,农业部 2004 年启动"进京蔬菜产品质量追溯制度""城市农产品质量安全监管系统试点工作";2006 年开始在北京、上海、四川、重庆 4 省市进行试点标识溯源工作;2008年开始在农垦经济发展中心建立"农垦农产品质量追溯展示平台";2010 年开始建立"动物标识及疫病可追溯体系""水产品质量安全追溯网";2015 年全国唯一实行了整市推进农产品质量安全追溯系统的榆林被农业部列为建设试点,已经在全市建立了农产品质量安全追溯系统。商务部 2010 年开始建立肉类蔬菜流通追溯体系,至 2015 年 6 月,在全国多个城市开展肉菜流通追溯体系试点,截至目前,共有 1.1 万多家肉菜企业纳入了追溯体系。国家质检总局 2003 年开始启动"中国条码推进工程",为农产品质量安全可追溯体系提供重要的科技支撑。国家食品药品监督管理局 2004 年开始启动肉类食品追溯制度和系统建设项目。其他各省市均开展了农产品追溯的示范工作,本文将列出比较典型的应用系统。

第四章 农产品质量安全检验检测

第一节 农产品质量安全监测

一、农产品质量安全监测内涵

农产品质量安全监测包括农产品质量安全风险监测和农产品质量安全监督抽查。

（1）农产品质量安全风险监测，是指为了掌握农产品质量安全状况和开展农产品质量安全风险评估，系统和持续地对影响农产品质量安全的有害因素进行检验、分析和评价的活动，包括农产品质量安全例行监测、普查和专项监测等内容。

（2）农产品质量安全监督抽查，是指为了监督农产品质量安全，依法对生产中或市场上销售的农产品进行抽样检测的活动。

（3）农产品质量安全风险评估、农产品质量安全监督管理等工作需要农业部制定全国农产品质量安全监测计划并组织实施。明确县级以上地方人民政府农业行政主管部门应当根据全国农产品质量安全监测计划和本行政区域的实际情况，制定本级农产品质量安全监测计划并组织实施。

二、农产品质量安全风险监测

（一）农产品质量安全风险监测和评估现状

近些年，我国农业相关部门在《食品安全法》《农产品质量安全法》等法律基础作用上，对农产品质量安全进行积极地把控作业。主要是在农产品质量安全风险评估这一重要的领域，展开一系列有效工作，从而推进农产品质量安全风险评估工作。

1. 基本形成了风险评估工作格局

农产品质量安全风险评估工作的实现其实要依托于国家政策的支持。2006 年，经过中央农业部的积极部署，在我国建立了用以研究农产品质量的研究中心，研究中心是我国中国农业科学院农业质量标准与检测技术研究所的直属部门，在我国的农业生产过程中主要是对农产品质量与安全的监测标准、监测设备、监测技术进行研究与提升。

2. 搭建了风险预警信息平台

为了对农产品质量安全进行有效的监测与预警，国家层面，通过对农业部多年以来例行监测和普查数据资源的分析，科学地成立了相关的监测信息平台。借助互联网技术，对平台大数据进行分析、整合，划分，系统地掌握农产品生产过车中的质量与安全问题，以此为基础搭建预警平台。

3. 不断加大风险监测力度

由于农产品种类的多样化发展，要想全面地了解农产品当下的质量安全状况，就必须要加大监测力度、扩大监测范围，同时，要根据不同种类的农产品质量安全变化规律，及时作出调整。在实际的监测工作中，各地区要因地制宜地选择监测、抽查周期，并针对监测结果建立合理的报备制度。

4. 开展风险评估技术培训与交流

全球是一个统一的生态圈，我国农业发展过程中的质量问题，在其他国家也会有相应的体现。因此，在进行农产品质量安全风险监测和评估过程中，要用全局的发展眼光，积极地邀请外国监测中心的知名专家，共同展开农产品质量安全风险评估技术交流。

（二）农产品质量安全风险监测要求

1. 农产品质量安全风险监测定期开展

根据农产品质量安全监管需要，可以随时开展专项风险监测。省级以上人民政府农业行政主管部门应当根据农产品质量安全风险监测工作的需要，制定并实施农产品质量安全风险监测网络建设规划，建立健全农产品质量安全风险监测网络。县级以上人民政府农业行政主管部门根据监测计划向承担农产品质量安全监测工作的机构下达工作任务。接受任务的机构应当根据农产品质量安全监测计划编制工作方案，并报下达监测任务的农业行政主管部门备案。

2. 农产品质量安全风险监测工作方案

方案应当包括下列内容：①监测任务分工，明确具体承担抽样、检测、结果汇总等的机构；②各机构承担的具体监测内容，包括样品种类、来源、数量、检测项目等；③样品的封装、传递及保存条件；④任务下达部门指定的抽样方法、检测方法及判定依据；⑤监测完成时间及结果报送日期。县级以上人民政府农业行政主管部门应当根据农产品质量安全风险隐患分布及变化情况，适时调整监测品种、监测区域、监测参数和监测频率。农产品质量安全风险监测抽样应当采取符合统计学要求的抽样方法，确保样品的代表性。

3. 农产品质量安全风险监测应当按照公布的标准方法检测

没有标准方法的可以采用非标准方法，但应当遵循先进技术手段与成熟技术相结合的原则，并经方法学研究确认和专家组认定。承担农产品质量安全监测任务的机构应当按要求向下达任务的农业行政主管部门报送监测数据和分析结果。省级以上人民政府农业行政主管部门应当建立风险监测形势会商制度，对风险监测结果进行会商分析，查找问题原因，研究监管措施。县级以上地方人民政府农业行政主管部门应当及时向上级农业行政主管部门报送监测数据和分析结果，并向同级食品安全委员会办公室、卫生行政、质量监督、工商行政管理、食品药品监督管理等有关部门通报。

农业农村部及时向国务院食品安全委员会办公室和卫生行政、质量监督、工商行政管理、食品药品监督管理等有关部门及各省、自治区、直辖市、计划单列市人民政府农业行政主管部门通报监测结果。县级以上人民政府农业行政主管部门应当按照法定权限和程序发布农产品质量安全监测结果及相关信息。

三、农产品质量安全监督抽查

（1）监督抽查按照抽样机构和检测机构分离的原则实施。抽样工作由当地农业行政主管部门或其执法机构负责，检测工作由农产品质量安全检测机构负责。检测机构根据需要可以协助实施抽样和样品预处理等工作。县级以上人民政府农业行政主管部门应当重点针对农产品质量安全风险监测结果和农产品质量安全监管中发现的突出问题，及时开展农产品质量安全监督抽查工作。

（2）县级以上人民政府农业行政主管部门应当重点针对农产品质量安全风险监测结果和农产品质量安全监管中发现的突出问题，及时开展农产品质量安全监督抽查工作。监督抽查按照抽样机构和检测机构分离的原则实施。抽样工作由当地农业行政主管部门或其执法机构负责，检测工作由农产品质量安全检测机构负责。检测机构根据需要可以协助实施抽样和样品预处理等工作。采用快速检测方法实施监督抽查的，不受前款规定的限制。

（3）抽样人员在抽样前应当向被抽查人出示执法证件或工作证件。具有执法证件的抽样人员不得少于两名。抽样人员应当准确、客观、完整地填写抽样单。抽样单应当加盖抽样单位印章，并由抽样人员和被抽查人签字或捺印；被抽查人为单位的，应当加盖被抽查人印章或者由其工作人员签字或捺印。抽样单一式四份，分别留存抽样单位、被抽查人、检测单位和下达任务的农业行政主管部门。抽取的样品应当经抽样人员和被抽查人签字或捺印确认后现场封样。

（4）有下列情形之一的，被抽查人可以拒绝抽样：一是具有执法证件的抽样人员少于两名的，二是抽样人员未出示执法证件或工作证件的。被抽查人无正当理由拒绝抽样的，抽样人员应当告知拒绝抽样的后果和处理措施。被抽查人仍拒绝抽样的，抽样人员应当现场填写监督抽查拒检确认文书，由抽样人员和见证人共同签字，并及时向当地农业行政主管部门报告情况，对被抽查农产品以不合格论处。上级农业行政主管部门监督抽查的同一批次农产品，下级农业行政主管部门不得重复抽查。

（5）检测机构接收样品，应当检查、记录样品的外观、状态、封条有无破损及其他可能对检测结果或者综合判定产生影响的情况，并确认样品与抽样单的记录是否相符，对检测和备份样品分别加贴相应标识后入库。必要时，在不影响样品检测结果的情况下，可以对检测样品分装或者重新包装编号。

（6）检测机构应当按照任务下达部门指定的方法和判定依据进行检测与判定。采用快速检测方法检测的，应当遵守相关操作规范。检测过程中遇有样品失效或者其他情况致使检测无法进行时，检测机构应当如实记录，并出具书面证明。检测机构不得将监督抽查检测任务委托其他检测机构承担。检测机构应当将检测结果及时报送下达任务的农业行政主管部门。检测结果不合格的，应当在确认后 24 小时内将检测报告报送下达任务的农业行政主管部门和抽查地农业行政主管部门，抽查地农业行政主管部门应当及时书面通知被抽查人。

（7）被抽查人对检测结果有异议的，可以自收到检测结果之日起 5 日内，向下达任务的农业行政主管部门或者其上级农业行政主管部门书面申请复检。采用快速检测方法进行监督抽查检测，被抽查人对检测结果有异议的，可以自收到检测结果时起四小时内书面申请复检。复检由农业行政主管部门指定具有资质的检测机构承担。复检不得采用快速检测方法。复检结论与原检测结论一致的，复检费用由申请人承担；不一致的，复检费用由原检测机构承担。县级以上地方人民政府农业行政主管部门对抽检不合格的农产品，应当及时依法查处，或依法移交工商行政管理等有关部门查处。

第二节 农产品质量安全检查

一、农产品质量安全检查的范围和对象

1. 执法检查的范围

农产品质量安全实行"两段监管"。根据《国务院办公厅关

于印发国家食品药品监督管理总局主要职责内设机构和人员编制规定的通知》（国办发〔2013〕24号）精神，"国家食品药品监督管理总局与农业部的有关职责分工，农业部门负责食用农产品从种植养殖环节到进入批发、零售市场或生产加工企业前的质量安全监督管理，负责兽药、饲料、饲料添加剂和职责范围内的农药、肥料等其他农业投入品质量及使用的监督管理。食用农产品进入批发、零售市场或生产加工企业后，按食品由食品药品监督管理部门监督管理。农业部门负责畜禽屠宰环节和生鲜乳收购环节质量安全监督管理。"据此，国家层面的农产品质量安全由农业部和食品药品监督管理总局实行"两段监管"。究竟该如何做好"两段监管"的无缝对接，不至出现监管空白或真空，特别是农业部门如何真正能在"三前"监管好农产品的质量安全，有许多值得探讨和完善的方面，专家和学者也有不同的观点。本书遵循的则是农业综合执法部门在执法实践中的理解和经验做法。

随着地方食品药品监管体制的改革，地方农业部门将做好地产食用农产品从种植养殖环节到进入批发、零售市场或生产加工企业前（俗称"三前"）的质量安全监督管理。食用农产品进入批发、零售市场或生产加工企业后，将由地方市场监管部门按食品进行监督管理。

农产品从种植养殖环节到进入批发、零售市场或生产加工企业前存在收购、运输、储存环节，进入市场后也存在收购、运输、储存环节。一般来讲，地方农业部门管辖的是地产食用农产品生产收获后到"三前"的收购、运输、储存环节。其他食用农产品的收购、运输、储存环节一般由市场监管部门负责。

因此，一般来说，农业部门对农产品质量安全的执法检查范围是：所属辖区农业生产主体所有的地产农产品。在这里，"农业生产主体所有"是指农业生产主体所种植、养殖的动物、植物、微生物及其产品，即处于农业生产的种植、养殖环节，包括该主体将所有农产品的出售行为；"地产"指本地生产的农产品，也即"守土有责"；外地进入本地销售的农产品，由于农产品的获得途径是农产品被收购或产权让渡等商业行为，不属于《农产品质量安全法》调整的农产品范畴，农业部门无权管辖。

各地由于地域产业特点、机构设置、职责分工等情况，对"三前"农产品质量安全存在不同的主管部门，即农业、林业、水利、海洋与渔业行政主管部门，不同的主管部门对其管辖的农产品质量安全负责。

农产品质量安全实行农产品生产经营主体是第一责任人，地方政府负总责，各监管部门分工负责的责任体系。

2. 执法检查的对象

所辖区域的农业生产经营主体是农业部门的行政相对人，即农业执法的检查对象。一般来说，与农业生产经营主体紧密联系的收购、运输、储存的市场主体也应作为农业部门农产品质量安全执法检查的延伸对象。如农民专业合作组织收购合作社社员及周边农户的农产品进行销售，农业生产经营主体实施的农产品运输行为，农业生产经营主体直接、委托或联合设立的农产品销售单位、储存场所等。

目前，我国的农产品生产主体仍以面广量大的农民个体为主，但作为执法检查的对象，则以农产品生产企业（这里指的是从事农业生产的企业，而不是农产品加工企业）、农民专业合作经济组织和个体工商户为主，有些法律法规规定，作为个体农民也是执法的对象。

农产品生产企业：指经工商行政管理部门登记并核发营业执照，从事农产品生产的经济实体，包括专门从事农产品生产的企业、附加从事农产品生产的企业。主要有 3 种类型，即公司（包括有限责任公司或股份有限公司）、个人独资企业、普通合伙企业。

农民专业合作经济组织：指从事某项专业生产或者经营的农民在自愿基础上联合建立的，以发展专项产品产业化经营和对成员提供服务为宗旨，以维护成员利益、增加成员收入为目的，实行自主经营、自主管理、自主服务、自负盈亏的合作经济实体。包括各类农业（农产品）专业协会、专业合作社和联合社等。目前，数量最多的是各类农民专业合作社。

家庭农场：指以家庭成员为主要劳动力，从事农业规模化、集约化、商品化生产经营，并以农业收入为家庭主要收入来源的经营主体。2013 年中央 1 号文件首次出现"家庭农场"的概念。浙江是家庭农场发展较早的地区，为鼓励、规范家庭农场发展，浙江省工商行政管理局制定了《浙江省家庭农场登记暂行办法》（浙工商企〔2013〕16 号），其家庭农场分为个体工商户、个人独资企业、普通合伙企业和公司四类。以公司形式设立的家庭农场的名称依次由行政区划、商号、"家庭农场"和"有限公司

（或股份有限公司）"字样4个部分组成。以其他形式设立的家庭农场的名称依次由行政区划、商号和"家庭农场"字样3个部分组成。

农产品生产者：是指从事种植、养殖等农产品生产活动的单位和个人，包括农产品生产企业、农民专业合作经济组织等规模组织和农民。

二、农产品质量安全种植环节内容

（一）主要检查内容

1. 主体性质的检查

主要查看工商营业执照，无工商营业执照的，查看居民身份证。

2. 投入品的检查

检查库存的农药、肥料、"三剂"是否经过登记，标签标识是否符合规范。注意有没有禁限用农药、人用或兽用抗生素、非法添加物。从事食用菌生产的，检查配制基质的物质是否符合要求（如有无使用废弃工业物，如砒霜渣等）。

检查废弃的包装物，重点是使用过的农药、肥料、"三剂"，其产品是否经过登记，标签标识是否符合规范。有无禁限用农药、抗生素、非法添加物包装。

"三剂"在竹笋、水生蔬菜（茭白、莲藕等）、食用菌等农产品生产过程中使用较多，人用或兽用抗生素可能会在西瓜、水果等生产环节上出现。

3. 生产记录的检查

对农产品生产企业和农民专业合作经济组织要检查近2年的农产品生产记录，其检查内容包括使用农业投入品的名称、来源、用法、用量和使用日期；植物病虫草害的发生和防治情况；收获日期。检查农产品生产记录有无伪造、修改痕迹。

4. 质量标志的检查

首先要检查"三品一标"证书；其次检查包装物上或标识上"三品一标"标志使用是否规范；是否在未经认证的产品上擅自使用"三品一标"标志；是否擅自扩大使用范围；是否认证到期或被撤销后继续使用"三品一标"标志。

（二）主要检查要点

1. 不同主体，检查的侧重点应有所不同

由于农产品种植生产的管理相对人有多种主体存在，目前涌现的家庭农场也有多种主体形式，其主体性质应以营业执照为准。对企业性质的生产主体，应对农业投入品使用、生产记录、包装标识等进行检查。对农民个人或个体工商户的农产品种植生产，虽在《农产品质量安全法》中大部分是免予行政处罚的，但对其种植行为也应进行检查，特别是要检查其农药、添加剂的使用情况。违规使用农药，可根据造成的后果按《农药管理条例》相关条款进行处罚。目前，不少农民专业合作经济组织存在社员分散、机构松散的情况，在对其社员难以进行检查的情况下，可对合作社的运行情况进行检查，也可对法定代表人种植农产品的相关情况进行检查。对所有主体种植农产品过程中使用禁用农药，在蔬菜、果树、食用菌、中药材生产中使用限用农药，在农产品收获、清洗、贮存、运输过程中使用、添加有毒有害物质的，可能涉嫌构成生产、销售有毒有害食品罪，应立即固定证据，第一时间与公安部门取得联系，可与公安部门联合办案。

2. 生产记录检查要点

农产品生产记录是农产品生产企业、农民专业合作社检查的重要内容，从中能发现许多问题。对一些生产规模较大的个人（包括个体工商户）视情况进行检查。农产品生产记录应当保存2年，可要求被检查人提供2年内的生产记录。

检查生产记录，主要检查农业投入品的名称、来源、用法、用量和使用、停用时间等。可要求被检查人提供农业投入品的购买单据，对记载的内容进行核实，检查有无高毒禁限用农药、是否如实记录所购买的农业投入品。要与检查农业投入品仓库库存的农资、废弃包装物相结合，检查其记录是否真实。查看记录农业投入品的使用面积和使用量，通过计算来判断其记录是否符合生产实际需要和购买量，以检验记录的真实性。要注意生产记录的时间，执法检查中曾发现被检查人对过去的生产记录进行时间上的修改，冒充当年度的记录以应付检查。

3. 投入品仓库检查要点

对投入品仓库检查是对生产主体检查的重点。一要检查有无禁止使用的高毒农药、限用农药和违禁添加剂；二要检查库存投入品是否与生产记录相一致。一般，农产品生产企业、专业合作社、规模种植户不仅有库房，而且往往有多个库房。除检查投入品仓库外也要对其他库房进行检查，因为违禁药物、非法添加剂等物品常不会存放在投入品仓库，多放在不易引人注意的地方。

对发现不符合规范的农业投入品，要弄清楚来源，对源头进行追溯，打击地下农资交易渠道。

4. 大棚种植的农产品，应适当延长农药的安全间隔期

目前规定的农药使用安全间隔期，一般是在露天用药条件下的间隔期，对大棚栽培是不适用的。农产品在大棚内种植，使用农药不会被雨水冲刷和淋溶，自然挥发作用会减弱，故其安全间隔期应相对延长。因此，可建议生产者在大棚等设施条件下生产，要合理用药，严禁超量使用，建议延长 1/3 安全间隔期。

5. 对小宗作物合理用药的理解

根据《农药管理条例》等相关规定，任何农药不得超出登记范围使用，但在目前登记不完善的情况下，一些小宗农作物如杨梅、水生蔬菜会出现无药可用的窘境。对此，一般对使用依法登记的低毒农药，其残留符合要求的情况下，对使用者不作行政处罚。

6. 农产品抽检中出现甲胺磷、克百威残留，要注意辨认

甲胺磷、克百威在蔬菜、水果等生产中禁止使用后，在蔬菜、水果等检出甲胺磷和克百威的残留，要分清是生产者直接使用了甲胺磷、克百威引起的，还是使用了乙酰甲胺磷、丁硫克百威而引起的，或者是在使用的其他农药中含有违禁农药成分。这不仅直接关系到案件的定性，而且还关系到是否要进行溯源。如果生产者直接使用了甲胺磷、克百威，根据"两高"司法解释，则涉嫌构成生产、销售有毒有害食品罪。如果是使用了乙酰甲胺磷或丁硫克百威，其在植物体内的分解而引起甲胺磷、克百威残留超标，一般只作行政处罚。两者的区分可在检测时加测乙酰甲胺磷或丁硫克百威，一般可分清到底是使用了什么药剂。与此相印证的是，还要查看当事人的生产记录、购买票据、库存农药，以确认是使用了甲胺磷、克百威，还是使用了乙酰甲胺磷、丁硫克百威。在确认当事人没有使用甲胺磷、克百威、乙酰甲胺磷、丁硫克百威的情况下，则要进一步分析生产者是否存在使用的其他农药中含有隐性的甲胺磷或克百威，如是则应追查其农药来源。

7. "三品一标"的检查要点

对生产"三品一标"农产品的单位，应从 5 方面进行检查。一要检查证书的有效期，是否在有效期内。不少证书会因未年检或续展而过期失效；二要检查证书所载内容，包括产品名称、生产地址、生产数量等；三要检查包装上的标志印刷是否规范、符合要求，或是否按规范粘贴防伪标志，随意更改标志形状、颜色等即属违法；四要检查标志使用有没有超出认证范围；五要检查农业投入品使用是否符合规范要求，与生产技术规范是否一致。

要重点检查冒用标志行为。下列行为均属冒用：一是未获得相关证书或者许可（农产品地理标志使用人应当与登记证书持有人签订农产品地理标志使用协议）而使用标志；二是证书或许可已过有效期仍继续使用；三是使用标志的产品不属于证书上或许可所载的产品；四是使用标志的产品数量超过证书上或许可所载的产品数量；五是产品来自不属于认证基地生产的产品而使用标志。

三、农产品质量安全养殖环节检查

（一）主要检查内容

1. 主体性质的检查

主要查看工商营业执照（无工商营业执照的查看居民身份证），动物防疫合格证等。

2. 饲料的检查

重点检查饲料原料和饲料（包括饲料添加剂）仓库，饲料加工车间。检查饲料原料是否符合《饲料原料目录》，饲料和饲料添加剂是否有产品标签、生产许可证、产品质量标准、产品质量检验合格证，饲料添加剂、添加剂预混合饲料有无产品批准文号；牛、羊养殖场是否有除乳和乳制品以外的动物源性成分饲料（鱼粉、肉骨粉、骨粉、血粉等）。

饲料加工车间检查。检查原料药、"兽药字"兽药是否直接添加到饲料中。重点检查包装及包装废弃物，查看加工记录。

3. 兽药的检查

检查药房内兽药、冰箱内的疫苗是否经过登记，标签标识是否符合规范。重点检查是否有假劣兽药（地标、无兽药批准文号、原料药、自家苗等）；是否有过期兽药；是否有人用药；是否有国家明令禁止的药物和其他物质。奶牛养殖场要注意有无添加到鲜奶中的非法添加物。大型养殖场一般有 2~3 个药房，单独饲喂和注射用药 1 个药房，添加到饲料中去的兽药和药物添加剂存放在添加剂仓库。

4. 病死动物处置的检查（根据当地综合执法机构所承担的职能而定）

检查病死动物堆放场地、无害化处理设施运行是否正常，病死动物处置记录。

5. 生产记录的检查

对农产品生产企业和农民专业合作经济组织，要检查 2 年的生产记录。重点检查养殖档案、用药记录、病死动物处置记录（根据所承担的职能而定），检查记录是否完整、真实，有无伪造痕迹。检查内容为兽药、饲料的来源、用法、用量和使用、停用的日期；动物疫病发生和防治情况；病死动物数量和无害化处理情况（根据所承担的职能而定）；动物及动物产品出栏或屠宰日期和数量。

6. 质量标志的检查

首先检查"三品一标"证书；其次检查包装物上或标识上"三品一标"标志使用是否规范（养禽场一般会使用包装）。是否有在未经认证的产品上擅自使用"三品一标"标志；是否擅自扩大使用范围；是否有认证到期或被撤销后继续使用"三品一标"标志的行为和现象。

（二）主要检查要领

1. 进入畜禽养殖场检查应遵守防疫规范

畜禽养殖场是动物防疫的重点场所，一般采取全封闭的养殖方法，进入畜禽养殖场有专门的通道和防疫措施。在检查期间不能因为是防疫的重点场所，特别是当被检查对象以防疫为借口阻挠、拒绝检查时，而不进入检查；也不能以行政执法的强势，随意进入养殖场所检查，以免造成疫病发生而产生麻烦。在检查前，要事先准备好一次性防护服、胶（雨）靴等。进入畜禽养殖场所时，要随身带上执法用文书和执法工具，可要求被检查者提供经消毒的防护服、雨靴，在其不愿提供的情况下换上自己携带的一次性防护服、雨靴等，按养殖场的消毒规范进行消毒后进入养殖场所。进入养殖场所人员不宜过多，但不能少于2人。

2. 使用人用药、原料药、明知的假兽药的检查

一些养殖场为降低成本，增强防治效果或贪图方便，而使用人用药、原料药，因此，在对药房检查时要特别注意观察。在畜禽养殖场中发现不明物质时要进一步核实，以防含有禁用物质。抗生素药渣是明令禁用的，在检查时需注意。一般抗生素药渣颜色为绿色或褐色。

近年来，在执法检查中多次发现一些科研机构研制的中试产品在养殖场所出现，其包装标签的醒目位置多会标明"非兽药"，但在功能上又标注"有防病、治病、促生长作用"。对这类产品应按《兽药管理条例》的相关规定，判断其是否属于兽药范畴。《兽药管理条例》七十二条第一款规定，兽药是指用于预防、治疗、诊断动物疾病或者有目的地调节动物生理机能的物质（含药物饲料添加剂）。凡与这一解释相符的均应按兽药或假

兽药来处理，不管其内含何种物质。

3. 重视养殖场冰箱内生物制品的检查

生物制品主要是疫苗，是预防动物疾病的重要措施。一些养殖场因种种原因，会将未经登记的疫苗用于畜禽生产，特别是一些科研和教学单位的工作人员，利用在养殖场提供技术服务的方便，在养殖场出现疫病后采取病料，不做任何病原分析，就直接制成疫苗（自家苗）用于免疫。虽可能有一定的防疫效果，但对于确诊病因，有效防控动物疫病非常不利，甚至有些自家苗流向市场，易扰乱动物疫病的防控。因此，要严肃查处使用未经登记的疫苗。

4. 关注养殖场中的兽药、饲料进货渠道

一些流动商贩上门推销的、价格便宜的药，很可能是假兽药，甚至还添加了违禁药物。对此，执法检查时可从兽药的进货价格上来发现违法产品的线索。执法人员发现无兽药批准文号、业主反映疗效好、与同类药品价格相差大的兽药，应抽样检测，以查明是否添加违禁药物；近年来，一些养殖场使用无产品标签、无生产许可证、无产品质量标准、无产品质量检验合格证鱼粉的情况较普遍，检查时也应特别注意。

5. 饲料加工车间的检查

通常，有一定规模的养殖场都有自己的饲料加工车间。执法检查时，要对养殖场自加工饲料的原料、饲料、饲料添加剂标签、兽药进行检查，查看标签标识是否符合规范。要检查原料药、"兽药字"兽药和废弃包装物是否直接添加到饲料中。对牛、羊养殖场，要检查其是否有除乳和乳制品以外的动物源性成分饲料添加。对合作社、大型企业生产基地实行统一配送的自配料，要检查自配料的加工地点，查看有无添加兽药情况。

6. 生产记录的检查

根据有关法律法规，农业生产企业、专业合作社和畜禽养殖

场都应建立生产档案，记录生产过程。但执法检查中发现，不少养殖场生产记录不完整，特别是用药记录不真实的情况较普遍，主要表现如下。

一是没有严格遵照休药期规定使用兽药，或超范围、超量使用药物饲料添加剂等。如规范规定只能用于某一种动物的药物饲料添加剂用于其他动物（如喹乙醇不能用于水产），或者只能用于某一阶段的药物饲料添加剂用于其他阶段（如喹乙醇不能用于中大猪）。超量，即超过规范规定的最高使用限量添加（如硫酸黏杆菌素使用至 100mg/kg，甚至更高）。

二是不遵守《饲料添加剂安全使用规范》的最高限量规定，典型的是大猪料中的铜元素。按规范，在大猪料中铜最高限量是35mg/kg。检查时应注意观察猪粪的颜色，如果猪粪的颜色是黑色，很可能饲料中铜超标，则应进一步检查该猪场自配料的配方，通过计算加以确定，或抽样检测来确定。

除上述情况应特别注意外，还应认真检查兽药、饲料等投入品标签是否符合有关标签和说明书的规定；进口物品是否有中文标识；与养殖品种是否有关联；与养殖档案是否存在逻辑关系；是否有禁用或限用的物品；是否存在养殖品种禁用或限用的投入品（如肉骨头粉等动物源性饲料不允许出现在牛、羊等草食动物养殖场）；是否存在过期物品等。

7. 关注病死动物处置情况

养殖场是否按规定处置病死动物，直接关系到病死动物的流向和生态环境的安全。病死动物流向市场则是犯罪行为。执法检查时应关注养殖场是如何处置病死动物的，了解动物的死亡情况，无害化处理设施是否正常运行，查看病死动物无害化处置记录等，核对死亡数量与无害化处置数量是否相符。

8. "三品一标"的检查要点

"三品一标"产品包装主要用于家禽及禽蛋，检查要点同种植业。

第三节 农产品质量安全执法监管典型案例

农业农村部公布农产品质量
安全执法监管十大典型案例

近年来，各地农业农村部门认真履职、主动出击，围绕农兽药残留、非法添加、违禁使用、私屠滥宰及注水和注入其他物质等突出问题，坚持问题导向，加大巡查检查和监督抽查力度，实行最严格的监管、最严厉的处罚，会同公检法机关严厉打击农产品质量安全领域违法违规行为，有效维护了消费者合法权益，切实保障了农产品质量安全。其中，山西、天津、新疆、安徽、云南、四川、广东、浙江等省区农业农村部门紧抓线索，深挖源头，积极查办案件，依法查处了一批农产品质量安全执法监管大案要案。在质量兴农万里行启动仪式上，农业农村部向社会公布农产品质量安全执法监管十大典型案例，供各地农业农村部门学习借鉴，推动加大农产品质量安全执法监管力度，切实保障人民群众"舌尖上的安全"。

一、山西省永济市农委查处邹某某生产含有限用农药山药案

2016年3月，山西省永济市农委在对黄河滩山药的农药使用情况进行检查时发现，邹某某在其种植的山药地块使用限用农药甲拌磷和甲基异柳磷，送检的土壤样品里经检测含有甲拌磷成分。经查，邹某某共购进甲拌磷12箱，甲基异柳磷12箱，在山药地块使用甲拌磷4箱，甲基异柳磷111瓶，随后案件移交公安机关查处。2016年9月，邹某某犯生产、销售有毒、有害食品罪，一审被判处有期徒刑2年缓刑2年，处罚金1万元，并禁止其在缓刑考验期内从事与食品有关的农业种植及相关活动。

二、天津市宝坻区农业部门查处怡某某等人在香菜种植中使用限用农药案

2016年4月13日，天津市宝坻区种植业发展服务中心接群众举报，宝坻区朝霞街道中关村园区有人使用限用农药甲拌磷种植香菜。宝坻区农业部门立即派执法人员进行调查，发现焦某某等5人为了清除虫害，在承包的200亩香菜地内使用了甲拌磷农药，经检测，甲拌磷含量不符合标准。农业部门随后对涉案地块种植的香菜进行了翻耕销毁，将涉案产品500kg进行了查封销毁，并将案件移送公安机关查处。怡某某等5人犯生产、销售有毒、有害食品罪一审分别被判处有期徒刑8个月到1年6个月，并处罚罚金；禁止怡某某等在3年内从事蔬菜类食用农产品的种植、销售活动。

三、新疆维吾尔自治区伊犁哈萨克自治州霍城县农业局查处马某某生产含有限用农药蔬菜案

2017年，新疆维吾尔自治区农业厅在第四季度的农产

品质量安全例行监测中，发现伊犁哈萨克自治州霍城县清水河某蔬菜生产基地油白菜、上海青样品氧乐果超标 80 倍。霍城县农业局执法大队立即组织追回未售油白菜和上海青，与棚内不合格蔬菜一并集中销毁，同时，将案件移交公安机关查处。2018 年 4 月，生产基地负责人马某某犯生产、销售有毒、有害食品罪，一审被判处有期徒刑 1 年，并处罚金 2 000 元。

四、安徽省霍邱县畜牧兽医局查处王某某等人向生猪注药、注水案

2016 年，安徽省霍邱县畜牧兽医局联合县公安局、市场监管局根据群众举报，经 2 个月的暗访蹲守，成功端掉一个给待宰生猪注药、注水窝点。执法人员现场查获生猪 29 头，盐酸异丙嗪 7 支，无名药水 1 瓶及作案工具若干。经查，该窝点负责人王某某伙同张某某等人，于 2016 年 7—9 月，贩购生猪后注射药物并注水，检测其所注入的无色液体以及生猪尿液中含非食品原料肾上腺素，案件随后移交公安机关查处。2018 年 5 月，王某某、张某某 2 人犯生产、销售有毒、有害食品罪，一审被判处有期徒刑 1 年 2 个月，并处罚金人民币 1 万元，查扣在案的猪肉 4 780kg 予以没收、销毁。

五、云南省施甸县动物卫生监督所查处董某某销售死因不明牛案

2017 年 9 月 29 日，云南省保山市施甸县由旺镇常村村委会中寨组董某某用仓栅式货车装载一头死因不明的黄牛尸体，从旺常村家中运往芒市，途经长水客运站时，被执勤的特警查获并转交施甸县动物卫生监督所处理。施甸县动物卫生监督所执法人员及时赶赴现场依法进行调查，发现董某某运载的黄牛，为约 650kg 的杂交公牛，经临床检查判定无生

命迹象，属于死因不明动物尸体。9月30日，施甸县动物卫生监督所依法责令当事人董某某对死亡黄牛进行无害化处理，同时将案件移送公安机关予以查处。2018年3月23日，被告人董某某犯生产、销售不符合安全标准的食品罪，一审被判处拘役6个月，缓刑1年，并处罚金人民币2 000元。

六、四川省成都市统筹城乡和农业委员会查处高某某未经定点从事生猪屠宰案

2017年12月6日，四川省成都市统筹城乡和农业委员会接群众举报电话，反映郫都区安德镇安宁村4组有人私自屠宰生猪。2017年12月7日凌晨1：00，成都市农业综合执法总队执法人员会同郫都区农业和林业局执法人员对群众举报地点进行突击检查，发现当事人高某某正在从事生猪屠宰活动，现场不能提供《生猪定点屠宰证》，涉嫌未经定点从事生猪屠宰活动。执法人员现场对涉案生猪、生猪产品及屠宰工具等物品实施了扣押措施。经物价部门认定，该批生猪货值为人民币20余万元。另查明，当事人当日已销售屠宰的5片生猪胴体和生猪产品共计190kg，违法所得3 490元，当事人非法屠宰生猪的货值金额共计21万余元。2017年12月，案件移送公安机关查处，涉案当事人被刑事拘留，公安机关已侦查终结，并移送检察院。

七、新疆维吾尔自治区乌苏市畜牧兽医局查处吴某某违法使用"瘦肉精"案

2015年9月，新疆维吾尔自治区塔城地区乌苏市畜牧兽医局接到群众来信举报，反映乌苏市夹河子乡奎河村某养牛场存在往牛饲料中添加"瘦肉精"的情况。经核查，吴某某在乌苏市夹河子乡奎河村饲养有78头牛，采集的尿液、血清和饲料样本中"瘦肉精"快速检测呈现阳性。进一步检测显示，尿液中克伦特罗含量为 2.73mg/L，饲料中克伦特罗含量为 0.398mg/kg。随后案件移交公安机关查处。目前，8 名涉案人员分别被判处 6 个月至 5 年不等的有期徒刑；首犯吴某某犯生产、销售有毒、有害食品罪，一审被判处有期徒刑 5 年，并处罚金 65 万元。

八、天津市武清区畜牧兽医部门查处李某某使用盐酸克伦特罗养殖生猪案

2017 年 2 月 6 日晚，天津市武清区动物卫生监督所驻康华肉制品有限公司检疫员，对当地运猪户朱某某运到屠宰场屠宰的 15 头猪进行快速抽检，发现 2 份尿样盐酸克伦特罗呈阳性。经查，该批次 15 头生猪有 10 头来自武清区黄花店二街个体养殖户李某某。经进一步调查，李某某于 2015 年 10 月从流动药贩手中购买了 500 片含有瘦肉精成分的药品，用于治疗生猪咳喘。2 月 8 日，武清区动物卫生监督所对不合格的猪肉产品及养殖户李某某饲养的盐酸克伦特罗超标的 23 头生猪进行了无害化处理。武清区畜牧兽医主管部门将案件移送公安机关查处。2017 年 11 月，被告人李某某犯生产、销售有毒、有害食品罪，一审被判处有期徒刑 2 年，并处罚金人民币 5 万元；禁止其自刑罚执行完毕之日或假释之日起 3 年内从事畜产品养殖、销售。

九、广东省中山市渔政局查处中山市某水产养殖有限公司在水产养殖过程中使用禁用药物案

2018 年 4 月 10 日，中山市渔政执法人员对中山市某水产养殖有限公司实施执法检查过程中，发现其仓库内存有禁用药物呋喃唑酮片以及注射用头孢曲松钠、盐酸小檗碱片等人用药物。执法人员当场对药物进行了封存，并对该虾苗场育苗池中的虾苗及水样进行了抽检。经检测，虾苗样品含有呋喃唑酮代谢物。4 月 27 日，在公安机关和当事人的见证

下，渔政执法人员对涉及的 9 个育苗池中的 287 490 尾斑节对虾和 20 280 尾罗氏虾苗，进行现场无害化销毁处理。目前，案件已移交公安机关查处。

十、浙江省德清县农业局查处沈某某在黄颡鱼产品中使用孔雀石绿案

2016 年 10 月，德清县农业局对德清县禹越镇三林村沈某某养殖的黄颡鱼进行质量安全监督抽检时，发现其黄颡鱼产品孔雀石绿超标。在此之前，沈某某因同种原因被农业部门实施过行政处罚，但因证据不足，沈某某未受到刑事处罚。12 月 22 日，德清县农业局依法将此案移送给德清县公安局处理。2017 年 6 月，当事人沈某某犯生产、销售有毒、有害食品罪，一审被判处有期徒刑 1 年，并处罚金人民币 5 万元。

第五章　农业标准化建设

第一节　农产品质量安全标准内涵

一、农产品质量安全标准含义

农产品质量安全标准是指依照有关法律、行政法规的规定制定和发布的农产品质量安全强制性技术规范。一般是指规定农产品质量要求和卫生要求，以保障人的健康、安全的技术规范和要求。如农产品中农药、兽药等化学物质的残留限量，农产品中重金属等有毒有害物质的允许量，致病性寄生虫、微生物或者生物

毒素的规定，对农药、兽药、添加剂、保鲜剂、防腐剂等化学物质的使用规定等。

农产品质量安全标准是农产品质量安全监管的重要执法依据，也是支撑和规范农产品生产经营的重要技术保障。农产品质量安全标准是判断农产品是否合格或如何从事农牧业生产的依据。农产品质量安全标准包括种植业、畜牧业、渔业等行业所涉及的技术标准，如蔬菜水果、肉禽蛋奶、鱼虾贝藻均属于农产品标准的范畴。

二、农产品质量安全标准分类

农产品质量安全标准就性质来说，分推荐性标准和强制性标准。从内容上来说，包括安全和质量两类标准。安全类标准主要是影响农产品安全的物理性、化学性和生物性危害要素方面的标准；质量类标准主要是农产品质量标准以及与农产品质量有关的标准。

从层次上来说，分国家标准、行业标准、地方标准和企业标准。

1. 国家标准

国家标准是指由国务院标准化行政主管部门制定的需要全国范围内同意的技术要求。国家标准分为强制性国家标准、推荐性国家标准、指导性技术文件。国家规定的标准代码分别为 GB、GB/T 和 GB/Z，其管理部门为国家标准化管理委员会。

2. 行业标准

行业标准是指没有国家标准而又需要在全国某个行业范围内同意的技术标准，由国务院行政主管部门制定并报国务院标准化行政主管部门备案。行业标准分为强制性标准和推荐性标准。地方标准是由省、自治区、直辖市标准化行政主管部门制定并报国务院标准化行政主管部门和国务院有关行业行政主管部门备案。

地方标准的管理部门为各省级质量技术监督局。

3. 企业标准

企业标准是指由企业制定的作为组织生产依据的，或在企业内制定适用的，严于国家标准、行业标准或地方标准的企业（内控）标准，由企业自行组织制定，并按省、自治区、直辖市人民政府的规定备案。

我国现行的农产品卫生标准、无公害食品系列标准等相关的强制性国家标准和行业标准都属于农产品质量安全标准。农业标准体系范围包括种植业、畜牧业、渔业等行业所设计的标准。种植业包含水稻、小麦、玉米、大豆、油菜、棉花、蔬菜、水果、茶叶、花卉、食用菌、糖料、麻类、橡胶等不同产品所设计的标准；畜牧业包含猪、牛、羊、鸡、鸭、兔、蜂、饲料等产品所设计的标准；渔业包含鱼、虾、贝、藻等产品所设计的标准。我国现行农业标准体系的层级，则由农业国家标准、行业标准、地方性标准和企业标准 4 级组成，国家标准、行业标准和地方标准 3 个层级为政府性标准。目前我国已制定颁布农产品质量安全国家标准 1 281 项，行业标准 3 272 项，地方标准 7 000 余项，另有加工食品国家标准和行业标准 671 项，初步建立了农产品及食品质量安全标准体系框架。

三、农产品质量安全标准体系建设

农产品质量安全标准，是农产品质量安全监管的重要执法依据，也是支撑和规范农产品生产经营的重要技术保障。农产品质量安全标准包括两个大的方面，一个是农产品质量和卫生方面的限量要求；另一个是以保障人的健康、安全的生产技术规范和检验检测方法。2008 年新的《食品安全法》颁布实施后，我国的食品安全标准包括农产品质量安全标准，执行统一的国家标准。在国家层面，现行的食品安全国家标准，合并了原有的食品卫生国家标准、食品质量国家标准和相关食品农产品安全方面的行业标准，体现了国家食品安全标准的协调性和统一性。根据《食品安全法》规定和农业部、卫生部 2 部门协商意见，农产品中农药残留和兽药残留国家标准由农业部组织制定，2 部门联合发布实施。

我们国家对农产品质量安全标准体系建设工作高度重视。早在 1999 年，财政部、农业部就启动实施了"农业行业标准制修订财政专项计划"，加快了农产品质量安全标准制修订进程。贯通农产品产地环境、农业投入品、生产规范、产品质量、安全限量、检测方法、包装标识、储存运输在内的农产品质量安全标准体系基本构建。

农产品质量安全标准特别是安全限量标准，具有很强的约束性和法制性。标准制定的程序、方法和科学性、适应性、可靠性都非常重要。农产品质量安全标准的制定，有两个最基本的立足点，一个是要保障人体健康和安全；另一个是要有利于产业发展和环境安全，这也是国际标准制定的两个最重要原则。为保证农产品质量安全标准制定的科学性和适应性，我国《农产品质量安全法》明确规定，制定农产品质量安全标准，应当充分考虑农产品质量安全风险评估结果，并广泛听取农产品生产者、销售者和消费者的意见。我国现行农产品质量安全标准制定，完全遵循了风险评估和科学原则，所制定和发布的标准应当说是科学的、合理的，与国际标准制定的原则是一致的。农业部为规范和推进标准的制修订，相继制定了《农业标准化管理办法》《农业标准审定规范》《农药残留风险评估指南》等制度规范，对标准的规划、计划、立项、起草、征求意见、审查、批准、发布、出版、复审等环节工作做出了明确的规定和要求。同时依托行业科研院所建有农药残留、兽药残留、饲料等 17 个专业化的标准化技术委员会，依法组建有国家农产品质量安全风险评估专家委员会，汇聚了农学、兽医学、毒理学、流行病学、微生物学、经济学等学科领域的知名专家。在国际标准化推进方面，更是积极参加国际食品法典委员会活动，不断强化国际标准制修订的参与度和话语权。经过积极的努力，中国在2007年成功成为国际食品法典农药残留委员会主席国，充分发挥中国在农药残留限量及其检测方法国际标准制修订过程中的推动作用。

第二节 实现农业标准化的途径

农业标准化是现代农业社会发展的产物，也是农业实现市场化和产业化的必经途径。标准化的农业作为一种新型的科技模式，集现代技术和管理技术于一体，对于发展农村经济，形成产业链，具有重要的意义。作为农业产业升级的重要手段，实现农业标准化生产是坚持科学发展观的突出表现，是推动经济发展的重要途径。归根结底，农业标准化的实现是一个良好的管理过程，它以统一化和简单化为主要原则，将标准生产和技术生产贯穿于整个农业过程。在生产的前期、中期和后期的各个环节都进行严格的把关，从而在保障农产品安全的基础上，不断提升农业产量，增加农民收入，缩小城乡差距，对于社会的稳定和和谐具有重要的意义。我国在实现农业标准化的道路上可以从认识性、技术投入、市场开拓等多个方面入手，全面提升农业标准化道路。

一、提高人们对于农业标准化的认识

认识农业标准化的内涵是实现目标的前提条件，意识的提高对于扫除标准化道路中的障碍具有良好的促进作用。作为一项重要的现代化经济活动，拓宽人们对农业标准化认识的渠道成为当务之急。为此，我们可以从以下2个方面进行研究。一方面，借助媒体的力量，加大对于农业标准化道路的宣传。在家电下乡活动的影响下，我国大部分农村实现了网络电视的覆盖，拉近了与媒体之间的距离，宽带的应用更是有助于宣传活动的进行。所以，相关部门必须利用信息传播手段，在网络电视中插播与农业建设有关的节目或者是公益广告，使得农业标准化的理念走进千家万户。另一方面，构建农村信息服务的平台。在农村粗放型经济的前提条件下，我国有必要搭建农业服务的平台，如电话咨询、现场示范以及技术培训等形式。

二、增加农业标准化的技术投入

农业经济的发展具有很多的不确定性，如动植物病虫害的防治，农产品的营销策略以及引进优良的物种等方面。就目前而言，大部分农村创业者为 70 后，缺乏教育的培训。农业标准化道路中的技术问题往往是制约农村经济发展的主要因素，因此，作为相关机构，为农村提供技术支持，为农业标准化的发展提供技术指导，就显得至关重要。建议以市场为导向，实现区域化的布局和管理，有关部门有必要每年对农村发布农业信息，便于农民及时调整技术策略，对于常见的问题，需要相关技术人员前行并指导。

三、开拓农业标准化的市场范围

和工商业相比较，农业的主体地位并不突出，主要和其规模有关。尤其是在欠发达地区，农业经济以粮食和猪为主，难以形成产业优势。所以，加快农业标准化道路的前提在于农业经济的规模的扩大，而市场规模的扩大则需要投入一定的资金数额，以此来建设农业标准化道路的市场，其中物流配送网络的构建不失为一种有效的方法。高昂的运输成本是制约农民收入的因素之一，所以，对于劳动密集型区域，可以建立农产品的批发市场，实现农村和超市之间的对接，此方法对于稳定农产品的市场价格也有一定的优势。此外，还可以通过创新农村土地资源的开发等方式来开放农村市场，促进农业标准化道路。

农业标准化的管理是一个长期的过程，我国在实现其目标的过程中，任重而道远。除了需要在管理上严格把关，注重质量之外，还要求在技术上有所创新，不断突破，取得更大的生产空间。此外，还需要注意人才的引进，将农业标准化引入正轨。相信在人们意识提高的前提下，在技术支持下，在市场的拓宽下，我国的农业标准化建设定会呈现出新的繁荣景象，为我国的农产品事业再添光辉。

第三节　我国农业标准化的对策

一、建立农业标准化体系的意义

建立农业标准化体系并通过示范加以推广，是农业结构战略性调整的一项基础工作，直接关系到实现农业市场化、产业化、集约化、现代化，具有重要意义。但是，随着农业市场化进程的加快和农业产业化的不断推进，农业标准化深入实施面临着一些新形势，新问题，亟待我们提高认识，付诸行动，加以解决。

1. 提高农产品的国际竞争力，迫切需要相应的具有高水平的农业标准化

随着农业国际化日益增强，农产品、农业技术以及信息的相互交流和交换越来越频繁，竞争的全球化和区域经济一体化的迅速发展，农业标准的国际化，采用国际标准，将成为世界农业发展的趋势，代表了现代农业的发展方向。欧洲以及美国、日本、澳大利亚等国高度现代化的农业，无不以高度的标准化为基础。提高农业标准化的发展水平，已成为提高一个国家产品的市场竞

争力的重要措施。随着我国加入 WTO 进程的加快，加强农业标准化的工作，提高我国农业产品的国际竞争力，已成为我国农业发展的当务之急。农业按标准化组织生产必须尽快提上议程。

2. 农业标准化是推进农业产业化进程的重要前提

农业产业化是我国农村生产力发展的内在要求，是农村和农村经济改革与发展的必然趋势。推动农业产业化将是当前乃至今后农村经济改革与发展的重大主题。农业产业化的实质是市场化和社会化，按照市场需求组织农业生产是产业化的发展方向。在我国以家庭经营为主体的农产品生产模式中，如何将市场对农产品的具体需求如品种、规格、加工、包装、质量、品牌等量化为农民可以操作的标准，就成为具体而现实的问题。使农业产品与工业产品一样成为真正的标准化产品，对农业产业化的推进是至关重要的。

3. 农产品创名牌对农业标准化提出了新要求

买方市场条件下的农产品竞争的实质是品牌竞争，而农业标准化是农产品创名牌的必由之路。一个农产品的品牌的形成，必然建立在对资源、市场、科技、生产经营、配套服务体系充分论证的基础上，克服传统农业经济的盲目性、随意性，要求在优良品种、种养殖技术，到农产品加工质量、安全卫生、检验检疫、包装贮运以及生产资料的供应和技术服务等环节上，都要实现标准化的生产与管理。发展品牌农业，提高竞争优势，将成为我国农业标准化发展的一个新视野。

4. 新的农业科技革命的推进要求农业标准化理论研究和实践探索有新的突破

良种、农药和化肥，构成了 20 世纪农业生产的基本技术要素。但是随着 DNA 重组技术、细胞工程、基因工程和酶工程等现代农业技术的发展冲击传统的农业生产格局，以生物技术和信息技术为主要支撑的新的农业革命已经兴起，这就要求农业标准化理论体系的研究领域进一步拓宽。农业高新技术产品在产业化、商品化的国际竞争必须要在通用、兼容、质量安全性和产品系列等方面借助于农业标准化。现代标准化将突破传统行业和领域界限，面向农业高新技术，面向世界的要求，制定出符合农业高新技术及其产业发展的新标准。

5. 实现农业可持续发展要求农业标准化的深度，广度更丰富

走可持续发展的道路，是我国农业发展的必然选择。当前我国农业的发展面临着需求、资源和环境约束。一方面，我国农产品供给已由短缺转向总量基本平衡，丰年有余，市场需求对农业发展的约束作用越来越强；另一方面，水资源短缺，水土流失生态环境恶化，基础设施萎缩，特别是受环境污染的影响，农产品中残留的有毒有害物质的增加，影响着农产品质量和效益的提高，也制约着农业的可持续发展。农产品供求关系的重大变化和生态环境的恶化，决定了必须将农业生态和环境质量安全作为农业标准化体系的重要内容，为提高农业经济安全运行质量，促进资源的合理开发与利用，提供有力的保障。

二、农业标准化工作的重点

1. 紧紧围绕农业产业化市场化发展的需要，积极开展农业标准化工作

标准化是所有产业化市场化经营活动的基础性工作，具有不可替代的作用。开展农业标准化，要以促进农业生产技术的指标化，规范化，系统化和科学化，从而促进农业产业化的发展为切入点。在具体实践中，要把农业标准化的实施与发展农业产业化有机地结合起来。农业标准化要在当地政府提出的产业化的发展规划中提出农业标准化的要求。要把农业标准化的规划和项目重点放在当地农业的支柱产业和主导产品上。各项技术标准、工作

标准、管理标准的制定要有利于标准体系的完整性和配套性，更要注重先进技术的推广和农户便于操作。要把农业标准化渗透到农业产业化的全过程中去，从种子、种禽、种畜、种散苗木及生产过程的标准化抓起，逐步在产品加工、质量安全、贮藏保鲜和批发销售环节实施标准化管理，引导龙头企业建立标准化体系，不断提高产品的质量。

在社会主义市场经济的条件下，农产品的质量等级标准将成为市场准入的基本条件，对规范市场、打击假冒伪劣产品等不法行为，提高农产品的竞争力都具有积极的作用。随着生产技术和企业管理技术的不断提高，企业之间的竞争日趋激烈。当降低生产成本，提高生产效率的竞争发展到一定程度时，竞争的焦点开始由生产领域转向流通领域。一个比较完善的现代农产品批发市场、销售市场应具备推行农产品质量标准的功能。即对农产品按国家标准进行质量安全检验、分级和标准化的管理。通过实施农产品标准化使产品在销售、拍卖时一看产品规格、质量等级就可以交易。因此，实施农业标准化，要与规范购销行为和市场秩序结合起来，合理地调整农民、经销商和企业的利益，从而促进农业产业化的健康发展。

2. 突出农业品牌的创建，充分发挥农业标准化的作用

创建农业名牌是农业产业化的"牛鼻子"，农业标准化和农业品牌是互为促进，密不可分的关系。农业标准化应围绕区域农业如何形成品牌，形成规模，增加产量，提高质量，创建名牌，扩大市场方面做文章。我国许多知名的农产品，因缺乏标准化的生产和加工，质量时好时坏，市场竞争力不强，形不成品牌优势。加强农业标准化工作，将有助于有效地创建农产品的品牌。

随着农业和农村经济进入新的发展阶段，农产品安全问题已成为农业发展的主要矛盾之一。近些年来，农药、兽药、饲料添加剂、化肥、激素等的使用不断增加，在为我国农业生产发挥积

极作用的同时，也产生了农业污染日益突出的问题。农产品质量安全问题的存在不仅危害人们的生命健康损害消费者利益，而且也影响农产品的市场竞争力和出口，损害了我国的国际形象。当前应迅速建立重要农产品安全标准体系和监督检测体系。在2个体系建设的基础上，以重要农产品为突破口，实行从产地到加工、销售全过程的质量安全控制，使那些无信誉、产品质量安全不符合标准要求的产品无市场、无销路。农产品的质量与安全是创品牌农业乃至培育市场化农业的首要条件。

3. 建立相应的农业标准化推广体系

农业标准化需要推广和实施，才能变成现实的效益和成果，建立标准化推广体系是农业标准化工作的重要环节。农业标准化推广体系至少应包括以下几个方面：①宣传体系：采用多渠道，多形式的宣传手段，大力宣传标准化在农业中的作用，增强生产者、经营者和消费者的标准化意识。②科技体系：在传授农业技术的同时，将标准寓于其中，使农民在掌握农业科学技术知识的同时，掌握农业标准化的原理和方法。③监督检查体系：对标准实施进行监督检查，建立必要的标准许可制度，对生产产地或企业进行质量审查和标准审核，确保标准得以正确的贯彻执行。大力改善监督监测手段，研究开发能够快速监测方法，实现监督监测手段的现代化。④标准化示范体系：积极开展农业标准化示范区工作，做到组织有效，行动有力，效果显著，根据各项技术标准、技术规程，加强宣传培训、指导实际操作，引导农民按标准化组织生产；大力培育示范户，典型引路，以点带面扩大推广范围。⑤建立标准化信息咨询服务体系：做好信息的收集工作，包括国内国际技术标准，国际先进的检测方法等方面的变化情况，为及时调整质检工作提供依据。为农民和产业化企业以及社会及时提供国内国际市场需求的技术标准方面的信息和传递农产品质量安全监督检查和检验检疫情况的信息以及正确引导市场消费的信息。加强与有关部门的协作配合，扩大资源共享，提高工作水平。

4. 加强农业标准化理论和技术的研究

为进一步完善有关农产品质量标准体系和标准化工作水平，当前主要是研究体现市场对农产品优质要求的质量等级划分的科学依据和方法；研究并确定农产品中有毒有害物质残留等涉及质量安全方面的限量标准及配套的检测分析方法；研究和开发适用于现场应用的快速检测技术和设备；研究农业标准化示范的理论与技术途径；研究世界各国农业标准体系以及我国农业标准体系如何与国际接轨等内容和问题。积极开展农业标准化理论与方法的研究，对指导当前乃至今后开拓标准化工作的深度和广度都有着重要的意义。

随着我国农业由传统自然经济向现代市场经济的转化，农业生产从源头到最终产品，都需要以标准化为基础。农业标准化不仅是发展农业产业化的需要，也是现代化农业的一个重要特征，代表着现代农业发展的方向，成为现代农业的新概念。在我国，鉴于农业生产经营的小规模分散性，农民的素质不高等客观因素，使得农业标准化的发展必然有一个艰苦的过程。但是随着农业的市场化、产业化、集约化的不断推进，越来越多的人将认识到农业标准化的重要性和积极作用，而成为农业标准化的倡导者。特别是加入 WTO 后在国际化竞争的巨大压力下，各级政府将会更加深刻地认识到农业标准化是提高农产品国际竞争力的有力手段，从而积极加以宣传推广应用，这一过程将会不断加快。

第六章　农产品品牌建设

第一节　树立农产品品牌意识

一、树立农产品品牌意识是明智的选择

你重视农产品品牌吗？对于这个问题，每个稍稍有点规模的农产品生产经营者都会有自己的看法。听到最多的有2种声音：一种是那些规模偏小的农业专业大户、农民合作社、家庭农场和农业企业负责人，有的甚至会笑出声来，什么，品牌？我想倒是想，有品牌当然好了，可我这点规模还用得着下功夫培育品牌吗？另一种是那些有了一定规模的，其中，不乏农业产业化龙头

企业负责人，他们说得较多的是，当然重视了，我们已经注册了好几个商标，还请了某某代言呢，广告也花了不少钱！首先，必须坦言，小农户由于生产经营规模的限制，产品很难实现差异化，即便有差异化，没有规模支持的品牌建设也难以在经济上获得丰厚回报，从这个意义上说，我们也要避免"泛品牌化"。但是对于上述新型农业经营主体，要想增强市场竞争力，并壮大可持续发展的能力，不管你现在规模多大，在直面农产品市场竞争中，自觉树立品牌意识并在品牌建设上有所动作才是明智的选择。可是，作为新型农业经营主体负责人，不妨问自己是否真正重视品牌问题了。

二、理解和欣赏自己的品牌

一方面，作为品牌的持有和培育者，对自己所生产农产品的品质优势、品牌所传递的信息等，必须有十分清楚的认知。这其中包括品质特征、适宜人群、食用方法、延伸服务等一系列有助于体现此农产品与彼农产品差异化的东西，也包括品牌符号、形象乃至质量安全追溯信息及内涵。这是培育和张扬品牌的基础，也是锁定和扩大目标细分市场的前提。不仅要知其然，而且要知其所以然。要想感动别人（客户），必须首先认识自己（产品及服务）、感动自己。另一方面，对于现有客户和潜在客户的选择决策行为必须有十分清楚的认知。对这类农产品，客户最关心什么问题，最担心什么问题；最在意哪些产品特性，对哪些并不看重；除了产品自身，还希望提供哪些服务；喜欢什么样的营销方式，讨厌哪些营销行为；会考虑哪些品牌，最终为什么选择或放弃了你的品牌……对这些情况都应该眼观耳听心思，说到底是要读懂客户。否则，即便一段时期自己的农产品热销，也难以逃脱"知其爱不知其所以爱"境地，"糊涂的爱"自然难以持久。

三、跟踪客户满意度和忠诚度

在消费者对食品安全高度敏感的今天，品牌已经成为农产品质量安全与消费者信心保障的一个契合点。任何一个相关社会热点话题或事件都可能成就一个农产品品牌，从而帮助农业生产经营主体迅速扩大市场占有率，提升品牌影响力；也可能在一夜之间摧毁一个知名品牌，置农业企业于死地。因此，可以说，农业生产经营主体发展到一定水平后，尤其是那些农业产业化龙头企业，品牌战略往往就是企业发展战略的核心。所以，管理者必须像重视农业企业内部管理一样，高度重视外部客户关系的管理，及时捕捉客户对自己的品牌产品及服务满意度与忠诚度的动态变化，建立准确的分析评估机制。在此基础上，建立与企业内部经营管理的联动机制，听到赞扬就坚守，听到批评与期许就改进，恰如其分地改进产品质量、规格、包装、服务、分销等一系列客户所希望改进的方面，肯于"为悦己者容"，才能增强客户黏性和吸引力，从而立于不败之地。

四、品牌培育与短期经营业绩挂钩

严格意义上讲，品牌是企业的无形资产，她贯穿在整个生产经营过程中，与企业的长期发展与成功密切相关，但往往又不能以短期市场份额和企业利润来简单衡量。也正因为如此，不少农业企业负责人对品牌培育缺乏耐心，今天为培育品牌增加了预算，明天就想获得超额回报。所以，农产品品牌培育中急功近利的做法并不少见，有的甚至把品牌建设与年度、季度甚至月度经营业绩直接挂钩，总想取得立竿见影的效果，结果导致半途而废甚至"自寻短见"的例子可不少。有关研究表明，品牌建设要有个培育期，对企业利润的"正能量"有个滞后期。而农产品由于更接近完全竞争市场，加之自然再生产与经济再生产相互交织的特点，在培育品牌过程中则需要更多的付出与耐心。也可以说品牌建设是农业企业长期发展的一份大额保单，而非随用随取的"小金库"。

还有，是否会评估营销活动对品牌的影响。由于农业生产周期长，占用资金多，目前我国面向"三农"的金融服务能力和水平有限，农业企业运营融资困难的情况较为普遍。所以，农业企业产品库存对运营产生直接压力，降价促销是经常采取的办法，而"甩卖"的过程往往会忽视对品牌的负面影响。例如，以中高收入群体为目标客户的品牌农产品，如果经常大范围降价促销，甚至走入低端大卖场，会让老客户和潜在客户产生怎样的感受和联想，这种做法对长期品牌培育有益吗！一个成熟的企业在制订营销方案时，就必须充分评估对品牌可能产生的影响。

当然，衡量一个企业是否重视品牌的标准肯定不只这些。即使用以上几个办法来评价，不少农业企业都有可能得出让人紧张的结论！但是，要发展壮大现代农业企业，要发挥新型农业生产经营主体在现代农业建设中的积极作用，难道不需要这些吗？显然不是。

第二节　农产品品牌忠诚的重要性

一个满意的顾客会引发 8 笔潜在的生意；品牌忠诚度越高，顾客受其他企业竞争行为的影响就越弱。

品牌忠诚度是指顾客通过购买与消费实践逐渐累积的对特定品牌的偏好程度，是市场营销领域的核心指标。有不少农业企业，最关心的问题是卖了多少农产品、以什么价位卖的，而对于是谁购买、哪个群体在反复购买等问题并不在意，这就很容易导致事关企业品牌价值和长远利益的品牌忠诚度被善意地忽视。

如果顾客购买农产品时只考虑价格、外观和品质等因素，而对品牌并不在乎，就表明这个品牌几无价值可言；而与此相对应，即使竞争对手在价格、外观、品质等方面看似更有吸引力，顾客仍然将此品牌作为不二选择，这就意味着品牌蕴含着可观价值。品牌忠诚度反映顾客转向其他品牌的可能性，代表着拥有品牌的企业巩固和扩大产品市场份额及空间的难度和潜力。品牌忠诚度越高，顾客受其他企业竞争行为的影响就越弱。

因此，必须把培育、挖掘和管理品牌忠诚度作为农业企业营销的一项战略重点，因为，它具有不可忽视的价值。

1. 可以大幅降低营销成本

我们在日常生活中作为消费者，大都有这样的体会，如果习惯了购买某一品牌的农产品或食品，一般不会冒风险轻易改换购买其他品牌，也懒得花精力去寻找挑选其他没用过的品牌。即便有再多的替代品牌上架，也不会轻易出手。对于老顾客而言，购买使用熟悉的产品决策简单、省时间，而且食用得放心。也就是说，如果企业具有较高的品牌忠诚度，就意味着相对稳定的销售量、市场份额和较低的营销费用。因此，农业企业需要做的，就是维持产品质量和服务水准，让老顾客高兴远比争取新顾客容易得多。营销学中"二、八原则"，即80%的业绩来自20%经常惠顾的顾客，说的就是这个道理。有调查表明，维系一个老客户的成本仅为开发一个新客户的1/7。

2. 可以有效吸引新顾客

笔者曾数次在超市农产品和食品货架旁边，佯装顾客观察采购者的挑选决策过程。前来采购的顾客大体可以分为三类：一类是低价偏好，专门挑便宜的买；第二类是早有中意的品牌，直奔主题；第三类犹豫不决，左顾右盼。有意思的就是第三类顾客，他们中相当比例会看似无心其实有意地注意其他顾客所挑选的品牌，而那个品牌往往也会成为他们的最终选择。既有顾客群对品牌表示满意甚至喜欢，可以增强潜在客户的信心，尤其是潜在客户对产品心存疑虑时，老顾客的购买行为就是一针"强心剂"。而且，很显然，如果一家企业拥有相当规模的品牌"粉丝"，老顾客本身就是活广告，品牌认可度和穿透力会大大提高，自然会吸引新客户。有研究表明，一个满意的顾客会引发 8 笔潜在的生意；一个不满意的顾客会影响 25 个人的购买意愿，因此，一个满意的、愿意与企业建立长期稳定关系的顾客会为企业带来相当可观的利润。

3. 可以为应对竞争赢得时间

农产品品牌的忠诚度往往是以放心的品质和独特的营养为前提的。如果老顾客满意现有品牌，就不会轻易转向其他品牌，其他竞争对手要进入这个市场就必须面对品牌忠诚度这个巨大障碍，除非他愿意额外投入大量资源和时间，并甘愿承担长期微利甚至亏损的风险。而且，向竞争者适当传递品牌忠诚度信息往往会给新进入者以压力，给自己赢得维护老顾客、开发新产品、搞好品牌服务的宝贵时间，从而在应对竞争者进攻中掌握主动。

4. 可以增强销售渠道话语权

农产品进超市难曾一度被业界和媒体诟病，国家有关部门几年前还专门出台过指导性意见，以期避免农产品价格在最后一千米被抬高。不少农业企业对超市也是望而却步。但是，拥有高忠诚度的品牌农业企业在与销售渠道成员谈判时，则会处于相对主动的地位。在极端情况下，品牌忠诚度甚至可以左右商店的采购决策。现在有的超市为维护自身客户群的消费信心，甚至直接规定了准入门槛。因此，品牌忠诚度高的农产品在拓展销售渠道时更容易获得优惠的贸易条款，例如，先打款后发货，最佳的陈列位置等。有人把这一作用比喻为交易杠杆，因为品牌忠诚度在扩展品牌、改善产品或推出新产品时能发挥很明显的"领跑"功能。简言之，由于品牌忠诚度代表着未来销量，因而直接影响未来收益，所以关乎农业企业生存与发展。

5. 怎么巩固与提高品牌忠诚度

一定要知道顾客到底喜欢你什么。这是巩固和提高品牌忠诚度的前提。千万别真不把顾客当回事儿。这是巩固和提高品牌忠诚度的核心。我们在日常生活中大都喜欢熟悉的农产品，相信熟悉的品牌，在选购农产品时存在极大的惯性。改换品牌不仅需要增加时间成本，也会带来消费风险。因此，在很多情况下，如果不是"迫不得已"，老顾客往往不会放弃"忠诚"，因为继续选购这个品牌，也是对自己此前决策的充分肯定。所以，从理论上看，留住老顾客并不是一件难事。可是，现阶段优质农产品市场中不经意间对顾客的"带搭不理"并不少见。不耐心待客，不关心顾客，不尊重顾客，在本质上就是"送客"的代名词。要留住顾客，就应该多从顾客角度考虑问题。

一是亲近顾客。想方设法与顾客保持密切关系，使其全方位了解品牌农产品生产加工的环境、过程、管理等信息，增加顾客体验，为品牌培育注入情感因素。高管到营销一线"微服私访"听取意见，或者邀请有代表性的顾客群体深入农业生产加工一线实地观光，都是不错的办法，并且会传递放大重视顾客的信号。

二是延伸服务。例如，农业企业在面向顾客提供品牌农产品的同时，还能够通过互联网技术提供产品生产加工过程视频以及相关营养知识、烹饪技巧等，就会让顾客觉得放心、贴心、温馨。

三是增强黏性。航空公司通过建立常旅客俱乐部已成为留住顾客的有效方法，这一理念当然也可以用到品牌农产品营销中。现在更多的农产品企业只是着眼短期，通过礼品卡提前锁定现金流，对长期善待顾客、留住顾客想得不多、做得不够。

四是真心倾听。建立顾客信息系统，完善顾客意愿反映渠道和机制，掌握客户的变化、个性化需求，定期开展满意度调查，要"绞尽脑汁"从顾客的角度改进产品及服务。

第三节　提高农产品品牌知名度

对于绝大多数农业生产经营主体而言，如何建立、保持和提高农产品品牌知名度，都是一件十分重要的事情。虽然最佳方案肯定要根据产品特性及市场环境谋划，但从有关研究和实践看，至少应注意 5 个问题。

一、要把保证农产品优质安全作为前提

无论是哪种农产品，要提高品牌知名度，都必须把优质、安全、放心作为起点。农产品作为人们生活必需品，其品牌知名度在很大程度上是口口相传的，消费者会"用嘴投票"。20 世纪90 年代有两种水果在市场上广受欢迎，一种是种植在黄河故道沙质土壤之上的酥梨；另一种是来自雪峰山脉的冰糖橙，都是因为其独特的品质营养而博得了消费者的厚爱。但是近些年，这两种水果的知名度已经风光不再，一些人认为不仅是因为水果产业发展使人们有了更多选择，而且与其内在品种品质变化有本质关系。因此，要提高品牌知名度，就要把保证和提高农产品品质作为内功下真力气。

二、要给品牌插上联想的翅膀

产品是品牌的主角，"优质安全"内化在农产品中，为消费者提供的是"口感"和"安全感"，因此决不能为了创意而忽视产品本身，尤其是新产品打市场时，更要对产品进行全方位的立体展示，把产品作为创意的核心予以放大。当然，这可不是说像有的广告一样，只是让产品及其生长环境在屏幕上飞来飞去。要让农产品令人难忘、众所周知，就必须通过综合运用品牌名称、品牌标志和符号等外在"塑形"的元素，给品牌

插上想象的翅膀，让消费者在视觉、听觉和想象等多维空间中打下深刻烙印。

很多农产品品牌的传播方法非常相近，让品牌难以脱颖而出。例如，大多数都宣传的是优质环境、自然生长、不加农药化肥，而对于产品自身在品质营养及适用人群等方面则很少涉及。这种模式化的广告给人们勾画的是自然美景，而此品牌与彼品牌产品的区别在哪里呢，消费者常会一头雾水，很多时候记住了画面之美，而品牌的名字却想不起来了。运用简单、直接、出奇的口号或标志，建立品牌与产品门类的联想，是一些成功企业屡试不爽的经验之一。例如，最近几年北京郊区的草莓发展很快，我常常看到高挂"音乐草莓""奶油草莓"标语招揽采摘游客的种植大棚，这种没有任何差异化的口号作用肯定有限，而如果冠以"老王头草莓""二丫草莓"这样的名称恐怕吸引力就会大一些。正像"王麻子剪刀""张小泉剪刀"一样，因为它不仅是品质的象征，还代表着差异化、个性化。

三、要巧于"独闯天涯"

尤其是处于品牌创建初期的农产品，必须在深入研究市场定位的基础上，再选择适合平面、立体、网络等不同的推介渠道或渠道组合，不能试图为了把产品卖给所有消费者而在宣传媒体上遍地撒网，否则，会造成大量投入而没有回响的沉没成本。例如，你的目标客户如果是空中飞人，那就可以考虑在航班杂志及空中影像节目中去宣传；如果只是局限于某一区域市场，则完全没必要在全国提高知名度。当然，这些年迅速兴起的各种农产品展销推介活动，对于提升中小企业及区域农产品品牌的影响力是值得关注和重视的。

四、学会"借船出海"。

农产品不同于大多其他消费品，每个人都注定是消费者，只是因为消费习惯、生活水平差异而导致了市场细分。所以，借助一些有影响力的平台提高品牌知名度是个不错的选择。一是公共宣传。前几年，一个优质农产品基地曾经在北京王府井步行街搞过一次现场品牌推介，效果就非常好。二是活动赞助。根据目标市场，有选择地赞助关注度高的活动，不少时候比直接打广告更有效。很早以前，几个啤酒品牌就发现了这一"秘密"，你会发现体育赛事与他们联系那样紧密，而耐克、阿迪等运动品牌就更无需多说了。三是植入广告。如果在充满"白富美"和"高富帅"的都市剧中植入高端农产品品牌推介元素，肯定能让一些品牌有意外的收获与惊喜。

五、要讲好品牌故事。

中国农耕文化源远流长，每种优质农产品都源自不一样土壤、气候及劳作技术，每个品牌都有不一样的故事。品牌，不仅意味着品质，还应该是文化的盛宴，是生产者与消费者之间情感互动的高地。绿箭口香糖，用唱歌这个故事表达了口臭带来的尴尬，展现了"亲近自然"的品牌主张。今天，驰名中外的胶州大白菜价格不菲，虽然没多少人能说清楚其汁白、味鲜甜、纤维少、营养丰富、产量高等特点，但1926年鲁迅先生笔下"运往浙江便用红头绳系住菜根，倒挂在水果店头"的描述，在今天说来仍栩栩如生、令人垂涎。有家地方电视台财经节目办得很好，前几天专门就"红枣"做过一档节目，节目的核心人物只有一个，整个节目都是在讲这个红枣品牌的故事，感人至深、印象挥之不去，我想这是一种360°的品牌放送，是更高层次的品牌营销。

第四节 搞好农产品品牌定位

品牌定位不仅关系生产经营者配置资源、统筹运行，也是在竞争中确立比较优势、争取主动地位的核心要件。

一、理解品牌定位要有三维视角

品牌定位不仅关系生产经营者配置资源、统筹运行，也是在竞争中确立比较优势、争取主动地位的核心要件。理解品牌定位，要有三维视角。

一是从农业生产经营主体自身看。作为农产品生产经营者，到底希望该品牌在哪个细分市场上占据怎样的地位，特别是传递该产品及服务的哪些特征和属性，进而塑造其与众不同、个性鲜明的市场形象，从而找准在市场上的合适位置。

二是从顾客角度看。品牌所有者通过品牌定位及营销组合，潜在消费者在心里对该品牌形成了怎样的印象，接收到了哪些品牌讯息，而这些是否足以满足其对此类产品的需求。

三是从竞争对手角度看。能否使该品牌与其他相关品牌严格区分开来，使顾客很容易感觉和认识到这种差别，从而在顾客心目中形成独特的位置和价值。

高水准的品牌定位，必须注重以上三维视角的协调和匹配。如果目标客户接受的品牌信息既是自身所看重的产品价值，又是品牌所有者想要传递的信息，这个品牌定位无疑会取得成功。

二、研究品牌定位要有多个切入点

一是根据产品特点定位。特别是由于农产品受到光、热、水、气等自然条件的限制，不同区域、不同品种的农产品在外观、品质、上市期等方面的差异较大，所以，品牌定位首先必须考虑和张扬农产品的区域特点和品质特性。例如，由于土质和温差等因素，新疆的瓜果糖分含量就比较高。

二是根据特定的适用场合定位。长期以来，人们已经形成了一些具有广泛共识的生活习俗，并赋予很多农产品以美好联想，如花生代表多子多福，芝麻开花节节高，牡丹意味着大富大贵……从这些人们乐于接受的观念出发，也是农产品品牌定位的一个实用技巧。

三是根据消费者类型定位。中国有句老话，药补不如食疗。特别是随着人们生活水平的提高，诸多养生节目都在介绍不同农产品的养生功用，在品牌定位上应该利用好这一大的趋势。例如，五谷杂类有利于给人体提供多种维生素，黑木耳对于"三高"人群是个好选择，等等。事实上，不同农产品品牌面对不同的顾客，所处的竞争环境也不同，所以品牌定位的切入点不可能是单一的，而更应该是多个角度的立体组合。

三、确定品牌定位面临两种选择

一种是搞错位竞争还是"正面强攻"。错位竞争定位策略，即避免与强有力的竞争对手发生直接竞争，而找出自己产品的差异化特征，将品牌定位于另一个细分市场内。这种做法风险较小，成功率较高。"正面强攻"定位策略，即不惜与市场上占支配地位、实力最强或较强的竞争对手直接竞争，从而使自己的产品进入与对手相同的细分市场。这一做法容易引起社会关注和议论，品牌能较快地被消费者了解，达到树立市场形象的目的，但也具有较大风险，必须建立在正确判定对手和自身实力较量的基础上。

另一种是搞"一马当先"还是"借船出海"。"一马当先"定位策略，即力争使自己的产品品牌第一个进入消费者视野，抢占市场第一的位置。而且人们一旦对某一品牌形成消费习惯，此种关系是不会轻易改变的。但选择这一策略的前提是产品要有独到之处，对细分市场的拿捏必须到位。"借船出海"一般用在同类产品已有品牌具有较高市场占有率的情况下，巧妙地借助于某品类的第一品牌的影响力，从而达到攀龙附凤而"搭顺风车"的目的。例如，七喜，它发现美国的消费者在消费饮料时，3罐中有2罐是可乐，于是它说自己是"非可乐"。当人们想喝饮料时，第一个马上会想到可乐，然后有一个说自己是"非可乐"的品牌与可乐靠在一起，那就是七喜。"非可乐"的定位使七喜一举成为饮料业第三品牌。

四、品牌定位要有3个步骤

第一步要发现潜在竞争优势领域。主要是通过充分调研分析，弄清楚3个问题，一是竞争对手品牌定位是什么；二是目标客户的具体需求以及满足程度如何；三是针对竞争者的市场定位和潜在顾客尚未满足的需要自己还能做什么。回答了这些问题，就不难从中筛选自己的品牌定位方向。

第二步是锁定品牌定位。这种能力既可以是现有的，也可以是潜在的，核心是在某一类产品中选定具有目标客户需要而竞争对手尚未提供的重要特征的产品及服务。一般有2种基本类型：一是价格竞争优势，就是在同样的条件下比竞争者定出更低的价格；二是偏好竞争优势，即能提供特色来满足目标顾客群体的特定偏好。

第三步是确定市场定位战略并组织实施。主要通过一系列宣传促销活动，将其独特的竞争优势准确传播给潜在顾客，并在顾客心目中留下深刻印象，使品牌所传递的正是目标客户所需要的，在顾客心中建立与该定位相一致的形象。当然，面对千变万化的市场，任何一个品牌在竞争对手推出的新产品侵占本品牌市场份额和消费者的需求或偏好发生了变化导致销量骤减时都必须及时调整或优化自己的品牌定位。

第七章 农产品质量安全"三品一标"

第一节 农产品质量安全"三品一标"概念

无公害农产品、绿色食品、有机农产品和农产品地理标志统称"三品一标"。"三品一标"是政府主导的安全优质农产品公共品牌，是当前和今后一个时期农产品生产消费的主导产品。纵观"三品一标"发展历程，虽有其各自产生的背景和发展基础，但都是农业发展进入新阶段的战略选择，是传统农业向现代农业转变的重要标志。

农产品质量安全第一

一、无公害农产品

无公害农产品是指产地环境、生产过程、产品质量符合国家有关和规范要求，经认证合格获得认证证书并允许使用无公害农产品标准标志的直接用作食品的农产品或初加工的农产品。目前，我国无公害农产品认证依据的标准是中华人民共和国农业部颁发的农业行业标准（NY5000 系列标准）。

二、绿色食品

绿色食品是指遵循可持续发展原则，按照特定生产方式生产，经专门机构认定，许可使用绿色食品标志，无污染的安全、优质、营养类食品。"按照特定生产方式生产"，是指在生产、加工过程中按照绿色食品的标准，禁用或限制使用化学合成的农药、肥料、添加剂等生产资料及其他可能对人体健康和生态环境产生危害的物质，并实施"从土地到餐桌"全程质量控制。这是绿色食品工作运行方式中的重要部分，同时，也是绿色食品质量标准的核心；"经专门机构认定，许可使用绿色食品标志"是指绿色食品标志是中国绿色食品发展中心在国家工商行政管理总局商标局注册的证明商标，受《中华人民共和国商标法》保护，中国绿色食品发展中心作为商标注册人享有专用权，包括独占权、转让权、许可权和继承权。未经注册人许可，任何单位和个人不得使用；"安全、优质、营养"体现的是绿色食品的质量特性。绿色食品分为 A 级和 AA 级，AA 级绿色食品与有机食品遵守相同的原则和标准。

自然资源和生态环境是食品生产的基本条件，由于与生命、资源、环境相关的事物通常冠之以"绿色"，为了突出这类食品出自良好的生态环境，并能给人们带来旺盛的生命活力，因此，将其定名为"绿色食品"。

　　无污染、安全、优质、营养是绿色食品的特征。无污染是指在绿色食品生产、加工过程中，通过严密监测、控制，防范农药残留、放射性物质、重金属、有害细菌等对食品生产各个环节的污染，以确保绿色食品产品的洁净。绿色食品的优质特性不仅包括产品的外表包装水平高，而且还包括内在质量水准高；产品的内在质量又包括两方面：一是内在品质优良；二是营养价值和卫生安全指标高。

　　绿色食品标准分为两个技术等级，即 AA 级绿色食品标准和 A 级绿色食品标准。

　　AA 级绿色食品标准，要求生产地的环境质量符合《绿色食品产地环境质量标准》，生产过程中不使用化学合成的农药、肥料、食品添加剂、饲料添加剂、兽药及有害于环境和人体健康的生产资料，而是通过使用有机肥、种植绿肥、作物轮作、生物或物理方法等技术，培肥土壤、控制病虫草害、保护或提高产品品质，从而保证产品质量符合绿色食品产品标准要求。

　　A 级绿色食品标准，要求生产地的环境质量符合《绿色食品产地环境质量标准》，生产过程中严格按绿色食品生产资料使用准则和生产操作规程要求，限量使用限定的化学合成生产资料，并积极采用生物学技术和物理方法，保证产品质量符合绿色食品产品标准要求。

三、有机食品

　　有机食品是指来自于有机农业生产体系，根据国际有机农业生产要求和相应的标准生产加工的，即在原料生产和产品加工过程中不使用化肥、农药、生长激素、化学添加剂、化学色素和防腐剂等化学物质，不使用基因工程技术。并通过独立的有机食品认证机构认证的一切农副产品，包括粮食、蔬菜、水果、奶制品、畜禽产品、蜂蜜、水产品、调料等。

有机农业生产是在生产中不使用人工合成的肥料、农药、生长调节剂和畜禽饲料添加剂等物质，不采用基因工程获得的生物及其产物为手段，遵循自然规律和生态学原理，采取一系列可持续发展的农业技术，协调种植业和养殖业的关系，促进生态平衡、物种的多样性和资源的可持续利用的一种农业生产方式。

有机食品与其他食品的显著差别在于，有机食品的生产和加工过程中严格禁止使用农药、化肥、激素等人工合成物质，而一般食品的生产加工则允许有限制地使用这些物质。同时，有机食品还有其基本的质量要求：原料产地无任何污染，生产过程中不使用任何化学合成的农药、肥料、除草剂和生长素等，加工过程中不使用任何化学合成的食品防腐剂、添加剂、人工色素和用有机溶剂提取等，贮藏、运输过程中不能受有害化学物质污染，必须符合国家食品卫生法的要求和食品行业质量标准。

有机食品在不同的语言中有不同的名称，国外最普遍的叫法是 ORGACIC FOOD 在其他语种中也有称生态食品、自然食品等。联合国粮农和世界卫生组织（FAO/WHO）的食品法典委员会（CODEX）将这类称谓各异但内含实质基本相同的食品统称为"ORGANIC FOOD"，中文译为"有机食品"。

四、农产品地理标志

农产品地理标志是指标示农产品来源于特定地域，产品品质和相关特征主要取决于自然生态环境和历史人文因素，并以地域名称冠名的特有农产品标志。2007 年 12 月农业部发布了《农产品地理标志管理办法》，农业部负责全国农产品地理标志的登记工作，农业部农产品质量安全中心负责农产品地理标志登记的审查和专家评审工作。

第二节　农产品质量安全"三品一标"标志

一、无公害农产品标志管理

1. 无公害农产品标志

图案见下图。

2. 标志使用

在经过无公害农产品产地认定基础上，在该产地生产农产品的企业和个人，按要求组织材料，经过省级工作机构、农业部农产品质量安全中心专业分中心、农业部农产品质量安全中心的严格审查、评审，符合无公害农产品标准，同意颁发无公害农产品证书并许可加贴标志的农产品，才可以冠以"无公害农产品"称号。

3. 处罚规定

伪造、变造、盗用、冒用、买卖和转让无公害农产品标志以及违反《无公害农产品管理办法》规定的，按照国家有关法律法规的规定，予以行政处罚；构成犯罪的，依法追究其刑事责任。

从事无公害农产品标志管理的工作人员滥用职权、徇私舞弊、玩忽职守，由所在单位或者所在单位的上级行政主管部门给予行政处分；构成犯罪的，依法追究刑事责任。

二、绿色食品标志管理

1. 绿色食品标志图形

绿色食品标志图形由三部分构成；上方的太阳、下方的叶片和蓓蕾。标志图形为正圆形，意味保护、安全。整个图形描绘了一幅明媚阳光照耀下的和谐生机，告诉人们绿色食品是出自纯净、良好生态环境的安全、无污染食品，能给人们带来蓬勃的生命力。绿色食品标志还提醒人们要保护环境和防止污染，通过改善人与环境的关系，创造自然界新的和谐。

绿色食品标志作为一种产品质量证明商标，其商标专用权受《中华人民共和国商标法》保护。

绿色食品标志注册的质量证明商标共有4种形式：①绿色食品的标志图形；②中文"绿色食品"4个字；③英文"Green Food"；④上述中英文和标志图形的组合。

2. 绿色食品标志编码

LB	—	XX	—	XX	XX	XX	XXXX	A（AA）
绿标		产品 类别		认证 年份	认证 月份	省份 （国别）	产品 序号	产品 级别

举例：LB-25-0305060305A，这个编号代表的是辽宁省北宁市旺发养殖场申报的猪肉。编号中 25-猪肉，03-2003 年，05-5 月份，06-辽宁省，0305-认证序号，A-认证的产品为 A 级绿色食品。需要说明的是，省份（国别）代码的各省（市、区）按全国行政区划的序号编码，中国不编代码。国外产品从第 51 号起始，按各国绿色食品产品认证的先后顺序编排该国的代码。

3. 绿色食品标志的使用

获得绿色食品标志使用权的产品在标志使用时，须严格按照《绿色食品标志设计标准手册》的规范要求正确设计，并在中国绿色食品发展中心认定的单位印制。使用绿色食品标志的单位和个人须严格履行"绿色食品标志使用协议"。绿色食品标志的企业，改变其生产条件、工艺、产品标准及注册商标前，须报经中国绿色食品发展中心批准。由于不可抗拒的因素暂时丧失绿色食品生产条件的，生产者应在 1 个月内报告省、部两级绿色食品管理机构，暂时中止使用绿色食品标志，待条件恢复后，经中国绿色食品发展中心审核批准，方可恢复使用。绿色食品标志编号的使用权，以核准使用产品为限。未经中国绿色食品发展中心批准，不得将绿色食品标志及其编号转让给其他单位或个人。绿色食品标志使用权自批准之日起 3 年有效。要求继续使用绿色食品标志的，须在有效期满前 9 天内重新申报，未重新申报的，视为自动放弃其使用权。使用绿色食品标志的单位和个人，在有效的使用期限内，应接受中国绿色食品发展中心指定的环保、食品监测部门对其使用标志的产品及生态环境进行抽查，抽检不合格的。撤销标志使用权，在本使用期限内，不再受理其申请。

三、有机食品标志管理

1. 有机食品标志

采用国际通行的圆形构图，以手掌和叶片为创意元素，包含两种景象，一是一只手向上持着一片绿叶，寓意人类对自然和生命的渴望；二是两只手一上一下握在一起，将绿叶拟人化为自然的手，寓意人类的生存离不开大自然的呵护，人与自然需要和谐美好的生存关系。图形外围绿色圆环上标明中英文"有机食品"。"有机食品"概念，是这种理念的实际体现。人类的食物从自然中获取，人类的活动应尊重自然规律，这样才能创造一个良好的可持续发展空间。

有机食品标志由两个同心圆、图案以及中英文文字组成。内圆表示太阳，其中的既像青菜又像绵羊头的图案泛指自然界的动植物；外圆表示地球。整个图案采用绿色，象征着有机产品是真正无污染、符合健康要求的产品以及有机农业给人类带来了优美、清洁的生态环境。

2. 使用要求

使用中绿华夏有机食品认证中心（COFCC）标志请参照中心编制的《有机认证标志使用规范手册》规定的方法用于产品包装，必须同时附有认证产品编号及"经中绿华夏有机食品认证中心许可使用"字样。有机转换产品须在证书编号后添加"转换期"字样。处于转换期的产品，包装上不得直接冠以"有机××"（××为产品一般名称）的名称。

（1）标志在方形包装上使用有机食品的标准文字通常置于包装的最上方，和整个包装保持一定的比例关系。如方形包装的四个展销面都印有标签内容，则标准文字至少应出现在一个主面上和该商品名处于同一视野。

（2）标志在长方形包装上使用方形包装的标签内容印在对应的两个主面上，标准文字相应地使用中文和英文。有机食品的标准文字置于包装的最上方，和整个包装保持一定的比例关系。

（3）标志在竖长方形包装上使用长方形类包装（标签）标准文字应置于包装的最上方，和整个包装保持一定的比例关系。

（4）标志在圆形包装上使用有机食品标志系列图形应置于图面正中轴线的上方或下方，与包装保持一定的比例关系。

（5）标志在罐形包装上使用。有机食品标志系列图形在罐形包装上使用时，应随标签首尾相接地围绕整个罐身。需要特别注意的是，应考虑标签在罐上呈弧形贴置的特点，把中、英文与商标名同处于标签的主要展销面，在俯视图上表示为该圆周正下方的 120 度弧范围。当包装的高度与罐身的直径相差很大时，可以酌情改变标志与画面的关系，如标签首尾相接恰好构成 2 个相同主展销面，标志也应出现 2 次，如 2 个展销面上的说明分别是中英文的，则标志图形与相应的文字说明也应与之对应。

（6）有机生产资料等产品用标标准文字在包装带上，其位置与封口处可斟酌保持一定距离。

四、农产品地理标志管理

1. 农产品地理标志的含义

农产品地理标志是指标示农产品来源于特定地域,产品品质和相关特征主要取决于自然生态环境和历史人文因素,并以地域名称冠名的特有农产品标志。

2. 农产品地理标志

国家对农产品地理标志实行登记制度。经登记的农产品地理标志受法律保护。

(1) 农业部负责全国农产品地理标志的登记工作,农业部农产品质量安全中心负责农产品地理标志登记的审查和专家评审工作。

(2) 省级人民政府农业行政主管部门负责本行政区域内农产品地理标志登记申请的受理和初审工作。

(3) 无公害农产品审核、专家评审、颁发证书和证后监管等职责全部下放,由省级农业行政主管部门及工作机构负责。无公害农产品产地认定与产品认证合二为一。农产品地理标志登记专家评审委员会由种植业、畜牧业、渔业和农产品质量安全等方面的专家组成。

（4）农产品地理标志登记不收取费用。县级以上人民政府农业行政主管部门应当将农产品地理标志管理经费编人本部门年度预算。

第三节 农产品质量安全"三品一标"认证认定

一、无公害农产品的申报和认证

1. 无公害农产品认证程序

（1）从事农产品生产的单位和个人，可以直接向所在县级农产品质量安全工作机构（简称"工作机构"）提出无公害农产品产地认定和产品认证一体化申请，并提交以下材料：①《无公害农产品产地认定与产品认证（复查换证）申请书》；②国家法律法规规定申请者必须具备的资质证明文件（复印件）；③无公害农产品生产质量控制措施；④无公害农产品生产操作规程；⑤符合规定要求的《产地环境检验报告》和《产地环境现状评价报告》或者符合无公害农产品产地要求的《产地环境调查报告》；⑥符合规定要求的《产品检验报告》；⑦规定提交的其他相应材料。

申请产品扩项认证的，提交材料①、④、⑥和有效的《无公害农产品产地认定证书》。

申请复查换证的，提交材料①、⑥、⑦和原《无公害农产品产地认定证书》和《无公害农产品认证证书》复印件，其中，材料⑥的要求按照《无公害农产品认证复查换证有关问题的处理意见》执行。

（2）同一产地、同一生长周期、适用同一无公害食品标准生产的多种产品在申请认证时，检测产品抽样数量原则上采取按照申请产品数量开二次平方根（四舍五入取整）的方法确定，并按规定标准进行检测。申请之日前2年内部、省监督抽检质量安全不合格的产品应包含在检测产品抽样数量之内。

（3）县级工作机构自收到申请之日起10个工作日内，负责完成对申请人申请材料的形式审查。符合要求的，在《无公害农产品产地认定与产品认证报告》（附表3，以下简称《认证报告》）签署推荐意见，连同申请材料报送地级工作机构审查。不符合要求的，书面通知申请人整改、补充材料。

（4）地级工作机构自收到申请材料、县级工作机构推荐意见之日起15个工作日内，对全套申请材料进行符合性审查，符合要求的，在《认证报告》上签署审查意见（北京、天津、重庆等直辖市和计划单列市的地级工作合并到县级一并完成），报送省级工作机构。不符合要求的，书面告知县级工作机构通知申请人整改、补充材料。

（5）省级工作机构自收到申请材料及县、地两级工作机构推荐，应当组织或者委托地县两级有资质的检查员按照《无公害农产品认证现场检查工作程序》进行现场检查，完成对整个认证申请的初审，并在《认证报告》上提出初审意见。

通过初审的，报请省级农业行政主管部门审核，颁发《无公害农产品产地认定证书》。

鉴于农业部调整无公害农产品认证、认证制度改革，过渡期间各省正在无公害农产品认定暂行办法按照制订工作方案，各地将出台新的配套政策，无公害农产品认证工作也将有序进行。

【最新重要通知】

农业农村部办公厅关于做好无公害农产品
认证制度改革过渡期间有关工作的通知

根据中共中央办公厅、国务院办公厅《关于创新体制机制推进农业绿色发展的意见》要求和国务院"放管服"改革的精神，我部决定改革现行无公害农产品认证制度，目前正在抓紧开展调研和制度设计工作。为切实做好改革过渡期间无公害农产品的相关工作，现将有关事项通知如下。

（1）在无公害农产品认证制度改革期间，将原无公害农产品产地认定和产品认证工作合二为一，实行产品认定的工作模式，下放由省级农业农村行政部门承担。

（2）省级农业农村行政部门及其所属工作机构按《无公害农产品认定暂行办法》（见附件）负责无公害农产品的认定审核、专家评审、颁发证书和证后监管等工作。

（3）我部统一制定无公害农产品的标准规范、检测目录及参数。中国绿色食品发展中心负责无公害农产品的标志式样、证书格式、审核规范、检测机构的统一管理。

附件：无公害农产品认定暂行办法

农业农村部办公厅

2018 年 4 月 24 日

附件：无公害农产品认定暂行办法

第一章　总则

第一条　为加强对无公害农产品的管理，维护消费者权益，提高农产品质量安全水平，保护农业生态环境，促进农业绿色发展，根据《中华人民共和国农产品质量安全法》，制定本暂行办法。

第二条 本办法所称无公害农产品,是指产地环境、生产过程和产品质量符合国家有关标准和规范的要求,经认定合格的未经加工或者初加工的食用农产品。

第三条 本办法所称无公害农产品标志,是指加施或印制于无公害农产品或其包装上的证明性标记。无公害农产品使用全国统一的无公害农产品标志。

第四条 无公害农产品管理工作,由政府推动,并实行产品认定的工作模式。

第五条 农业农村部负责全国无公害农产品发展规划、政策制定、标准制修订及相关规范制定等工作,中国绿色食品发展中心负责协调指导地方无公害农产品认定相关工作。

各省、自治区、直辖市和计划单列市农业农村行政主管部门负责本辖区内无公害农产品的认定审核、专家评审、颁发证书及证后监管管理等工作。

县级农业农村行政主管部门负责受理无公害农产品认定的申请。

县级以上农业农村行政主管部门依法对无公害农产品及无公害农产品标志进行监督管理。

第六条 各级农业农村行政主管部门应当在政策、资金、技术等方面扶持无公害农产品的发展,支持无公害农产品新技术的研究、开发和推广。

第七条 承担无公害农产品产地环境和产品检测工作的机构,应当具备相应的检测条件和能力,并依法经过资质认定,熟悉无公害农产品标准规范。

第二章 产地条件与生产管理

第八条 无公害农产品产地应当符合下列条件:

(一)产地环境条件符合无公害农产品产地环境的标准

要求；

（二）区域范围明确；

（三）具备一定的生产规模。

第九条　无公害农产品的生产管理应当符合下列条件：

（一）生产过程符合无公害农产品质量安全控制规范标准要求；

（二）有专业的生产和质量管理人员，至少有1名专职内检员负责无公害农产品生产和质量安全管理；

（三）有组织无公害农产品生产、管理的质量控制措施；

（四）有完整的生产和销售记录档案；

第十条　从事无公害农产品生产的单位，应当严格按国家相关规定使用农业投入品。禁止使用国家禁用、淘汰的农业投入品。

第三章　产品认定

第十一条　符合无公害农产品产地条件和生产管理要求的规模生产主体，均可向县级农业农村行政主管部门申请无公害农产品认定。

第十二条　生产主体（以下简称申请人）应当提交以下材料：

（一）《无公害农产品认定申请书》；

（二）资质证明文件复印件；

（三）生产和管理的质量控制措施，包括组织管理制度、投入品管理制度和生产操作规程；

（四）最近一个生产周期投入品使用记录的复印件；

（五）专职内检员的资质证明；

（六）保证执行无公害农产品标准和规范的声明。

第十三条　县级农业农村行政主管部门应当自收到申请

材料之日起 15 个工作日内,完成申请材料的初审。符合要求的,出具初审意见,逐级上报到省级农业农村行政主管部门;不符合要求的,应当书面通知申请人。

第十四条 省级农业农村行政主管部门应当自收到申请材料之日起 15 个工作日内,组织有资质的检查员对申请材料进行审查,材料审查符合要求的,在产品生产周期内组织 2 名以上人员完成现场检查(其中至少有 1 名为具有相关专业资质的无公害农产品检查员),同时,通过全国无公害农产品管理系统填报申请人及产品有关信息。不符合要求的,书面通知申请人。

第十五条 现场检查合格的,省级农业农村行政主管部门应当书面通知申请人,由申请人委托符合相应资质的检测机构对其申请产品和产地环境进行检测;现场检查不合格的,省级农业农村行政主管部门应当退回申请材料并书面说明理由。

第十六条 检测机构接受申请人委托后,须严格按照抽样规范及时安排抽样,并自产地环境采样之日起 30 个工作日内、产品抽样之日起 20 个工作日内完成检测工作,出具产地环境监测报告和产品检验报告。

第十七条 省级农业农村行政主管部门应当自收到产地环境监测报告和产品检验报告之日起 10 个工作日完成申请材料审核,并在 20 个工作日内组织专家评审。

第十八条 省级农业农村行政主管部门应当依据专家评审意见在五个工作日内作出是否颁证的决定。同意颁证的,由省级农业农村行政主管部门颁发证书,并公告;不同意颁证的,书面通知申请人,并说明理由。

第十九条 省级农业农村行政主管部门应当自颁发无公害农产品认定证书之日起 10 个工作日内,将其颁发的产品信息通过全国无公害农产品管理系统上报。

第二十条 无公害农产品认定证书有效期为 3 年。期满需要继续使用的，应当在有效期届满 3 个月前提出复查换证书面申请。

在证书有效期内，当生产单位名称等发生变化时，应当向省级农业农村行政主管部门申请办理变更手续。

第四章 标志管理

第二十一条 获得无公害农产品认定证书的单位（以下简称获证单位），可以在证书规定的产品及其包装、标签、说明书上印制或加施无公害农产品标志；可以在证书规定的产品的广告宣传、展览展销等市场营销活动中、媒体介质上使用无公害农产品标志。

第二十二条 无公害农产品标志应当在证书核定的品种、数量范围内使用，不得超范围和逾期使用。

第二十三条 获证单位应当规范使用标志，可以按照比例放大或缩小，但不得变形、变色。

第二十四条 当获证产品产地环境、生产技术条件等发生变化，不再符合无公害农产品要求的，获证单位应当立即停止使用标志，并向省级农业农村行政主管部门报告，交回无公害农产品认定证书。

第五章 监督管理

第二十五条 获证单位应当严格执行无公害农产品产地环境、生产技术和质量安全控制标准，建立健全质量控制措施以及生产、销售记录制度，并对其生产的无公害农产品质量和信誉负责。

第二十六条 县级以上地方农业农村行政主管部门应当依法对辖区内无公害农产品产地环境、农业投入品使用、产品质量、包装标识、标志使用等情况进行监督检查。

第二十七条　省级农业农村行政主管部门应当建立证后跟踪检查制度，组织辖区内无公害农产品的跟踪检查；同时，应当建立无公害农产品风险防范和应急处置制度，受理有关的投诉、申诉工作。

第二十八条　任何单位和个人不得伪造、冒用、转让、买卖无公害农产品认定证书和无公害农产品标志。

第二十九条　国家鼓励单位和个人对无公害农产品生产、认定、管理、标志使用等情况进行社会监督。

第三十条　获证单位违反本办法规定，有下列情形之一的，由省级农业农村行政主管部门暂停或取消其无公害农产品认定资质，收回认定证书，并停止使用无公害农产品标志：

（一）无公害农产品产地被污染或者产地环境达不到规定要求的；

（二）无公害农产品生产中使用的农业投入品不符合相关标准要求的；

（三）擅自扩大无公害农产品产地范围的；

（四）获证产品质量不符合无公害农产品质量要求的；

（五）违反规定使用标志和证书的；

（六）拒不接受监管部门或工作机构对其实施监督的；

（七）以欺骗、贿赂等不正当手段获得认定证书的；

（八）其他需要暂停或取消证书的情形。

第三十一条　从事无公害农产品认定、检测、管理的工作人员滥用职权、徇私舞弊、玩忽职守的，依照有关规定给予行政处罚或行政处分；构成犯罪的，依法移送司法机关追究刑事责任。

第三十二条　其他违反本办法规定的行为，依照《中华人民共和国农产品质量安全法》《中华人民共和国食品安全法》等法律法规处罚。

第六章 附则

第三十三条 从事无公害农产品认定的机构不得收取费用。

检测机构的检测按国家有关规定收取费用。

第三十四条 本暂行办法由农业农村部负责解释。

第三十五条 本暂行办法自印发之日起施行。

二、绿色食品的申报和认证

（一）申请人及申请认证产品条件

1. 申请人条件

申请人必须是企业法人，社会团体、民间组织、政府和行政机构等不可作为绿色食品的申请人。同时，还要求申请人具备以下条件。

（1）具备绿色食品生产的环境条件和技术条件。

（2）生产具备一定规模，具有较完善的质量管理体系和较强的抗风险能力。

（3）加工企业须生产经营一年以上方可受理申请。

有下列情况之一者，不能作为申请人。

一是与中心和省绿办有经济或其他利益关系的；

二是可能引致消费者对产品来源产生误解或不信任的，如批发市场、粮库等；

三是纯属商业经营的企业（如百货大楼、超市等）。

2. 申请认证产品条件

（1）按国家商标类别划分的第 5 类、第 29 类、第 30 类、第 31 类、第 32 类、第 33 类中的大多数产品均可申请认证。

（2）以"食"或"健"字登记的新开发产品可以申请

认证。

（3）经卫生部公告既是药品也是食品的产品可以申请认证。

（4）暂不受理油炸方便面、叶菜类酱菜（盐渍品）、火腿肠及作用机理不甚清楚的产品（如减肥茶）的申请。

（5）绿色食品拒绝转基因技术。由转基因原料生产（饲养）加工的任何产品均不受理。

（二）绿色食品认证程序

1. 认证申请

申请人填写并向所在省绿办递交《绿色食品标志使用申请书》《企业及生产情况调查表》及以下材料。

（1）保证执行绿色食品标准和规范的声明。

（2）生产操作规程（种植规程、养殖规程、加工规程）。

（3）公司对"基地+农户"的质量控制体系（包括合同、基地图、基地和农户清单、管理制度）。

（4）产品执行标准。

（5）产品注册商标文本（复印件）。

（6）企业营业执照（复印件）。

（7）企业质量管理手册。

（8）要求提供的其他材料（通过体系认证的，附证书复印件）。

2. 受理及文审

省绿办收到上述申请材料后，进行登记、编号，5个工作日内完成对申请认证材料的审查工作，并向申请人发出《文审意见通知单》，同时，抄送中心认证处。申请认证材料不齐全的，要求申请人收到《文审意见通知单》后10个工作日提交补充材料。申请认证材料不合格的，通知申请人本生长周期不再受理其申请。

3. 现场检查、产品抽样

省绿办应在《文审意见通知单》中明确现场检查计划，并在计划得到申请人确认后委派 2 名或 2 名以上检查员进行现场检查。

检查员根据《绿色食品检查员工作手册》（试行）和《绿色食品产地环境质量现状调查技术规范》（试行）中规定的有关项目进行逐项检查。每位检查员单独填写现场检查表和检查意见。现场检查和环境质量现状调查工作在 5 个工作日内完成，完成后 5 个工作日内向省绿办递交现场检查评估报告和环境质量现状调查报告及有关调查资料。

现场检查合格，可以安排产品抽样。凡申请人提供了近 1 年内绿色食品定点产品监测机构出具的产品质量检测报告，并经检查员确认，符合绿色食品产品检测项目和质量要求的，免产品抽样检测。

现场检查合格，需要抽样检测的产品安排产品抽样。

（1）当时可以抽到适抽产品的，检查员依据《绿色食品产品抽样技术规范》进行产品抽样，并填写《绿色食品产品抽样单》，同时，将抽样单抄送中心认证处。特殊产品（如动物性产品等）另行规定。

（2）当时无适抽产品的，检查员与申请人当场确定抽样计划，同时，将抽样计划抄送中心认证处。

（3）申请人将样品、产品执行标准、绿色食品产品抽样单和检测费寄送绿色食品定点产品监测机构。

现场检查不合格，不安排产品抽样。

4. 环境监测

绿色食品产地环境质量现状调查由检查员在现场检查时同步完成。

经调查确认，产地环境质量符合《绿色食品产地环境质量现状调查技术规范》规定的免测条件，免做环境监测。

根据《绿色食品产地环境质量现状调查技术规范》的有关规定，经调查确认，必要进行环境监测的，省绿办自收到调查报告2个工作日内以书面形式通知绿色食品定点环境监测机构进行环境监测，同时，将通知单抄送中心认证处。

定点环境监测机构收到通知单后，40个工作日内出具环境监测报告，连同填写的《绿色食品环境监测情况表》，直接报送中心认证处，同时，抄送省绿办。

5. 产品检测

绿色食品定点产品监测机构自收到样品、产品执行标准、绿色食品产品抽样单、检测费后，20个工作日内完成检测工作，出具产品检测报告，连同填写的《绿色食品产品检测情况表》，报送中心认证处，同时，抄送省绿办。

6. 认证审核

省绿办收到检查员现场检查评估报告和环境质量现状调查报告后，3个工作日内签署审查意见，并将认证申请材料、检查员现场检查评估报告、环境质量现状调查报告及《省绿办绿色食品认证情况表》等材料报送中心认证处。中心认证处收到省绿办报送材料、环境监测报告、产品检测报告及申请人直接寄送的《申请绿色食品认证基本情况调查表》后，进行登记、编号，在确认收到最后一份材料后2个工作日内下发受理通知书，书面通知申请人，并抄送省绿办。中心认证处组织审查人员及有关专家对上述材料进行审核，20个工作日内作出审核结论。审核结论为"有疑问，需现场检查"的，中心认证处在2个工作日内完成现场检查计划，书面通知申请人，并抄送省绿办。得到申请人确认后，5个工作日内派检查员再次进行现场检查。审核结论为"材料不完整或需要补充说明"的，中心认证处向申请人发送《绿色食品认证审核通知单》，同时，抄送省绿办。申请人需在

20 个工作日内将补充材料报送中心认证处，并抄送省绿办。审核结论为"合格"或"不合格"的，中心认证处将认证材料、认证审核意见报送绿色食品评审委员会。

7. 认证评审

绿色食品评审委员会自收到认证材料、认证处审核意见后 10 个工作日内进行全面评审，并作出认证终审结论。结论为"认证不合格"，评审委员会秘书处在做出终审结论 2 个工作日内，将《认证结论通知单》发送申请人，并抄送省绿办。本生产周期不再受理其申请。

8. 颁证

中心在 5 个工作日内将办证的有关文件寄送"认证合格"申请人，并抄送省绿办。申请人在 60 个工作日内与中心签订《绿色食品标志商标使用许可合同》。

三、有机农产品的申报和认证

（一）有机食品认证机构

有机食品认证机构的认可工作最初由设在国家环保总局的"国家有机食品认证认可委员会"负责。根据 2002 年 11 月 1 日开始实施的《中华人民共和国认证认可条例》的精神，国家环保总局正在将有机认证机构的认可工作转交国家认监委。到 2009 年年底经国家认监委认可的专职或兼职有机认证机构总共有北京中绿华夏有机食品认证中心、中国质量认证中心等 32 家。

2003 年下半年，国家认监委和国家标准委共同组织了有机农产品国家标准的制定工作，中华人民共和国质量监督检验检疫总局和国家标准委于 2005 年 1 月 19 日以国家标准予以发布，2005 年 4 月 1 日开始实施。这是我国颁布的第一个有机产品的国家标准。有机农产品国家标准为系列标准，包括有机生产标准、有机加工标准、有机产品表识与销售标准、管理体系标准 4

个部分。从此，我国统一了有机产品（有机食品）的认证标准，有机产品（有机食品）的认证表识。到 2009 年年底经国家认监委认可的有机食品有佳木斯华夏东极农业有限公司等 3 746 家。

目前在中国开展有机认证业务的还有几家外国有机认证机构。最早的是 1995 年进入中国的美国有机认证机构"国际有机作物改良协会"（OCIA），该机构与 OFDC 合作在南京成立了 OCIA 中国分会。此后，法国的 ECOCERT、德国的 BCS、瑞士的 IMO 和日本的 JONA 和 OCIA-JAPAN 都相继在北京、长沙、南京和上海等市建立了各自的办事处，在中国境内开展了数量可观的有机认证检查和认证工作。国外认证机构认证企业数超过 500 家。

（二）有机食品认证程序

1. 申请

申请人向有机认证机构提交《有机食品认证申请书》《有机食品认证调查表》以及《有机食品认证书面资料清单》要求的文件，并按要求准备相关材料。申请人按《有机产品》国家标准第四部分的要求，建立本企业的质量管理体系、质量保证体系的技术措施和质量信息追踪及处理体系。

2. 文件审核

有机认证机构对申报材料进行文件审核。审核合格，有机认证机构向企业寄发《受理通知书》《有机食品认证检查合同》。审核不合格，认证中心通知申请人且当年不再受理其申请。根据《检查合同》的要求，申请人交纳相关费用，以保证认证前期工作的正常开展。

3. 实地检查

有机认证机构派出有资质的检查员。对申请人的质量管理体系、生产过程控制体系、追踪体系以及产地、生产、加工、仓储、运输、贸易等进行实地检查评估。必要时，检查员需对土壤、产品抽样，由申请人将样品送指定的质检机构检测。

4. 编写检查报告

检查员完成检查后，按有机认证机构要求编写检查报告。检查员在检查完成后 2 周内将检查报告送达有机认证机构。

5. 综合审查评估意见

有机认证机构根据申请人提供的申请表、调查表等相关材料以及检查员的检查报告和样品检验报告等进行综合审查评估，编制颁证评估表，提出评估意见并报技术委员会审议。

6. 颁证决定

认证决定人员对申请人的基本情况调查表、检查员的检查报告和有机认证机构的评估意见等材料进行全面审查，做出同意颁证、有条件颁证、有机转换颁证或拒绝颁证的决定。证书有效期为 1 年。

当申请项目较为复杂（如养殖、渔业、加工等项目）时，或在一段时间内（如 6 个月），召开技术委员会工作会议，对相应项目作出认证决定。

（1）同意颁证。申请内容完全符合有机食品标准，颁发有机食品证书。

（2）有条件颁证。申请内容基本符合有机食品标准，但某些方面尚需改进，在申请人书面承诺按要求进行改进以后，亦可颁发有机食品证书。

（3）有机转换颁证。申请人的基地进入转换期 1 年以上，并继续实施有机转换计划，颁发有机转换基地证书。从有机转换基地收获的产品，按照有机方式加工，可作为有机转换产品，即"转换期有机食品"销售。

（4）拒绝颁证。申请内容达不到有机食品标准要求，技术委员会拒绝颁证，并说明理由。

7. 有机食品标志的使用

根据证书和《有机食品标志使用管理规则》的要求，签订

《有机食品标志使用许可合同》，并办理有机食品商标的使用手续。

8. 保持认证

（1）有机食品认证证书有效期为 1 年，在新的年度里，有机认证机构会向获证企业发出《保持认证通知》。

（2）获证企业在收到《保持认证通知》后，应按照要求提交认证材料、与联系人沟通确定实地检查时间并及时缴纳相关费用。

（3）保持认证的文件审核、实地检查、综合评审、颁证决定的程序同初次认证。

四、农产品地理标志认定程序

省级人民政府农业行政主管部门农产品地理标志的登记工作，农业部中国绿色食品发展中心负责农产品地理标志登记的审查和专家评审工作。负责本行政区域内农产品地理标志登记申请的受理和初审工作。农业农村部设立的农产品地理标志登记专家评审委员会，负责专家评审。农产品地理标志登记专家评审委员会由种植业、畜牧业、渔业和农产品质量安全等方面的专家组成。农产品地理标志登记不收取费用。县级以上人民政府农业行政主管部门应当将农产品地理标志管理经费，编入本部门年度预算。

（一）基本要求

1. 申请地理标志登记的农产品，应当符合下列条件

称谓由地理区域名称和农产品通用名称构成；产品有独特的品质特性或者特定的生产方式；产品品质和特色主要取决于独特的自然生态环境和人文历史因素；产品有限定的生产区域范围；产地环境、产品质量符合国家强制性技术规范要求。

2. 农产品地理标志登记申请人

农产品地理标志登记申请人为县级以上地方人民政府，根据

下列条件择优确定的农民专业合作经济组织、行业协会等组织。

（1）具有监督和管理农产品地理标志及其产品的能力；

（2）具有为地理标志农产品生产、加工、营销提供指导服务的能力；

（3）具有独立承担民事责任的能力。

（二）登记管理

1. 申请材料

符合农产品地理标志登记条件的申请人，可以向省级人民政府农业行政主管部门提出登记申请，并提交下列申请材料：登记申请书；申请人资质证明；产品典型特征特性描述和相应产品品质鉴定报告；产地环境条件、生产技术规范和产品质量安全技术规范；地域范围确定性文件和生产地域分布图；产品实物样品或者样品图片；其他必要的说明性或者证明性材料。

2. 审查

省级人民政府农业行政主管部门自受理农产品地理标志登记申请之日起，应当在 45 个工作日内完成申请材料的初审和现场核查，并提出初审意见。符合条件的，将申请材料和初审意见报送农业农村部农产品质量安全中心；不符合条件的，应当在提出初审意见之日起 10 个工作日内将相关意见和建议通知申请人。

农业农村部农产品质量安全中心应当自收到申请材料和初审意见之日起 20 个工作日内，对申请材料进行审查，提出审查意见，并组织专家评审。经专家评审通过的，由农业农村部农产品质量安全中心代表农业部对社会公示。有关单位和个人有异议的，应当自公示截止日起 20 日内向农业部农产品质量安全中心提出。公示无异议的，由农业农村部作出登记决定并公告，颁发《中华人民共和国农产品地理标志登记证书》，公布登记产品相关技术规范和标准。专家评审没有通过的，由农业农村部做出不予登记的决定，书面通知申请人，并说明理由。

3. 证书使用

农产品地理标志登记证书长期有效。有下列情形之一的，登记证书持有人应当按照规定程序提出变更申请：①登记证书持有人或者法定代表人发生变化的；②地域范围或者相应自然生态环境发生变化的。

（三）标志及使用

1. 标志申请

符合下列条件的单位和个人，可以向登记证书持有人申请使用农产品地理标志。

（1）生产经营的农产品产自登记确定的地域范围；

（2）已取得登记农产品相关的生产经营资质；

（3）能够严格按照规定的质量技术规范组织开展生产经营活动；

（4）具有地理标志农产品市场开发经营能力。

2. 使用

使用农产品地理标志，应当按照生产经营年度与登记证书持有人签订农产品地理标志使用协议，在协议中载明使用的数量、范围及相关的责任义务。

农产品地理标志登记证书持有人不得向农产品地理标志使用人收取使用费。

3. 农产品地理标志使用人享有以下权利

（1）可以在产品及其包装上使用农产品地理标志；

（2）可以使用登记的农产品地理标志进行宣传和参加展览、展示及展销。

4. 农产品地理标志使用人应当履行以下义务

（1）自觉接受登记证书持有人的监督检查；

（2）保证地理标志农产品的品质和信誉；

（3）正确规范地使用农产品地理标志。

5. 监督管理

县级以上人民政府农业行政主管部门应当加强农产品地理标志监督管理工作，定期对登记的地理标志农产品的地域范围、标志使用等进行监督检查。

登记的地理标志农产品或登记证书持有人不符合规定的，由农业农村部注销其地理标志登记证书并对外公告。

第八章 农产品质量安全生产技术

第一节 无公害农产品生产技术

一、无公害小麦生产技术规程

无公害小麦生产技术包括选择合适的产地、优良的品种、整地、种子处理、施肥、科学防治病虫害和适时收获入仓等技术，其中核心技术是肥料的使用和病虫害的防治。施肥以增施有机肥为主，要农化结合、氮、磷、钾肥配施，最大限度地控制化肥用量，严禁使用高毒、高残留农药，同时，防止收、贮、销过程中的二次污染。

（一）产地选择

生产基地应远离主要交通干线，周边 2km 内没有污染源（如工厂、医院等），产地环境符合农业部发布的无公害农产品基地大气环境质量标准、农田灌溉水质标准及农田土壤标准。种植区土壤应具有较高的肥力和良好的土壤结构，具备获得高产的基础。具体的适宜指标为土壤容重在 $1.2g/cm^3$ 左右，土壤耕作层空隙度在 50% 以上，有机质含量 1% 以上。

（二）栽培技术

1. 播种期管理

（1）精细整地。播前要按照"早、深、净、细、实、平"标准，及早腾茬、灭茬，高标准、高质量整地。耕层要达到

23cm 以上，犁细耙透，上虚下实，地面平坦，无明暗坷垃，以提高土壤保水保肥能力和通透性能。

（2）施足底肥。按照"有机肥和无机肥相结合，氮、磷、钾、微肥相补充"的原则，进行优化配方施肥。宜使用的优质有机肥有堆肥、厩肥、腐熟人畜粪便、绿肥、腐熟的作物秸秆、饼肥等。允许限量使用的化肥及微肥有尿素、碳酸氢铵、硫酸铵、磷肥（磷酸二铵、过磷酸钙、钙镁磷肥等）、钾肥（氯化钾、硫酸钾等）、Cu（硫酸铜）、Fe（氯化铁）、Zn（硫酸锌）、Mn（硫酸锰）、B（硼砂）等。每亩施优质粗肥 600~1 000kg，纯氮 18~30kg（折合尿素 13~66kg 或碳铵 105~180kg），五氧化二磷 6~8kg（折合含磷 12%的普通过磷酸酸钙 50~75kg）、氧化钾 5kg（折合硫酸钾 9~9.5kg）、锌肥 1~1.5kg，其他微量元素适量。

（3）土壤和种子处理。每亩用 3%的甲拌磷颗粒剂 1.5~2kg进行土壤处理，以防治金针虫、地老虎、蛴螬等地下害虫。用 2.5%的适乐时种子包衣剂包衣（或拌种），以防治纹枯病、根腐病、全蚀病等土传根部病害。

（4）播期播量。一般半冬性品种播期为 10 月 5—15 日，弱春性品种播期为 10 月 15—25 日。应采用精播半精播技术、机械化播种。一般半冬性品种播量 5~7kg/亩，弱春性品种播量 7~9kg/亩。

2. 苗期管理

（1）查苗补种、疏苗补缺、破除板结。小麦出苗后，及时进行田间苗情检查，对缺苗（株距达 5cm 以上）断垄的地方，及时进行补苗。在小麦播种至出苗期间，如遇到降水，待地面干燥后及时松土，破除板结，促进种子及早萌发、出苗。

（2）灌冬水。当土壤水分含量低于田间最大持水量的 55%时应及时灌水。灌水时间在日平均气温稳定在 3~4℃时进行为宜。

3. 中期管理

（1）起身期。在起身初期应进行划锄，以增温、保墒、促进麦苗生育。对于麦田杂草应结合划锄进行清除，尽量避免使用化学除草剂，减少药剂的污染。必须使用化学除草剂时，一定要选用高效易分解的低残留类型药剂，且严格控制药剂用量。

（2）拔节期。结合春季第 1 次肥水重施拔节肥，每亩普施尿素 6~7kg。红蜘蛛发生地块可用 0.9%阿维菌素 5 000 倍液或 20%扫螨净 20g/亩及时进行防治。

（3）孕穗期。此期是小麦一生叶面积大、绿色部分最多的时期。从发育上看，幼穗分化处于四分体形成期，部分分化的小花开始向两极分化，是需水的临界期。因此，应保证该期土壤中具有充足的水分，土壤含水量低于该生育期适宜的水分含量指标（田间最大持水量的 70%）时要及时灌溉。对叶色发黄、有脱肥现象的麦田可酌量补施适量氮肥，一般用量控制在氮素 2~3 kg/亩。白粉病病株率达 20%~30%时、锈病病叶率达 2%以上时，用 12.5%禾果利 20~40kg/hm² 或粉锈宁有效成分 7~10g/亩，对水 750kg，进行常规喷雾。小麦吸浆虫，每小土样（10cm×10cm×20cm）有虫 2 头以上时进行防治，可用 33.5%甲敌粉或 4.5%甲基异柳磷粉拌土均匀撒施于麦垄。小麦扬花期如气象预报有 3 天以上连阴雨天气，应在雨前喷施 12.5%禾果利 1.5g/亩或 40%的多菌灵 50~80g/亩，预防小麦赤霉病。

4. 后期管理

（1）浇好灌浆水。当麦田土壤水分含量低于适宜的指标（田间最大持水量的 65%）时要及时灌水，以延长叶片功能期，增加粒重。灌水应根据苗情及天气情况掌握好灌水时间和灌水量。

（2）叶面喷肥。搞好叶面喷肥可以加速该期光合产物及后期营养器官中的贮藏物质向籽粒中运转，使小麦生育后期仍保持一定的营养水平，以延长叶片功能，提高根系活力。具体方法是用 2%~3% 的尿素溶液，于 17：00 后无风天气条件下喷施 40~50kg/亩。对于抽穗期叶色浓绿、发黑不易转色的麦田，可喷施 0.3%~0.4% 的磷酸二氢钾溶液 40~50kg/亩。为避免叶面喷肥对籽粒造成污染，喷施时间应严格控制在小麦收获 20 天以前进行，如喷施期距收获不足 20 天严禁使用。

（三）病虫草害综合防治技术

1. 科学防治杂草

采用机条播、深耕，施用腐熟肥料，精选麦种，并结合中耕进行人工除草，另外，要根据草情进行化学除草，以阔叶杂草为主的田块使用巨星、好事达等高效低毒无残留农药，以禾本科为主的田块使用骠马、骠灵等高效低毒无残留农药。

2. 综合防治病虫害

病虫害防治要坚持"预防为主，综合防治"的原则。在生物防治上要保护天敌，利用和释放天敌控制有害生物发生，进行以虫治虫，以菌治虫。在物理防治上采取黑光灯、振频、杀虫灯等装置诱杀麦叶蜂、黏虫、蚜虫等，在综合防治的基础上加强病虫的预测预报，科学使用农药。

（1）播种期。主要防治地下害虫、黑穗病、全蚀病及白粉病。防治措施：①选用抗病虫的品种和无病菌种子。小麦黑穗病易发区，留种地选用无病地、播无病种、施无病肥、单收单打。散黑穗病区的留种地要远离生产麦田。白粉病发生区宜选用郑农 16、豫麦 47、郑麦 9023、豫麦 54、豫麦 49 等。②药剂拌种。在小麦黑穗病易发区，用 25% 的粉锈宁可湿性粉剂 7g 拌小麦种子 100kg 或 50% 多菌灵 200g 拌小麦种子 100kg，拌匀后堆闷 2~3 小时，也可用种子重量的 0.2%~0.3% 的 70% 的托布津拌种或闷种。也可采用石灰水浸种，方法是用生石灰 0.5kg 对水 50kg

浸麦种 30kg，浸种时水面要高出种子面 7~10cm，播前 20~25℃ 下浸种 2~4 天，浸种时气温越高，浸种时间越短。浸种时不要搅拌，捞出后晾干播种。在小麦黑穗病和地下害虫混发区，可采用杀菌剂和杀虫剂混合拌种。方法是用 50% 的 1605 乳油 0.05kg 加 25% 多菌灵 150~200mL，混匀后喷洒在 50kg 种子上，堆闷 3 小时晾干播种。小麦病毒病和地下害虫混发区，可用 40% 乐果乳油 0.5kg 加水 25kg 拌种 400~500kg 兼治传毒昆虫和地下害虫。

（2）秋苗期。主要防治小麦丛矮病和地下害虫。防治措施：①防治小麦丛矮病。对于小麦收获后再种植夏粮作物的回茬麦田，要清除田边、地头和地边的杂草，压低传毒昆虫的虫源，重病麦田在出苗率达 50% 左右时，用乐果、甲胺磷等有机磷杀虫剂沿地边向田里喷 7~10m 的保护带；对于间作套种麦田，要全田施药防治。②防治地下害虫。对地下害虫发生严重的麦田，每公顷麦田用辛硫磷 240g，对水 750g，顺麦垄浇灌即可。

（3）返青拔节期。重点防治麦田杂草、小麦丛矮病和红蜘蛛。防治措施：①防治麦田杂草。一般在 3 月底至 4 月初小麦起身拔节期，当麦田杂草长至 2~4 叶时每平方米有草 30 株时开始施药防治。具体方法：每公顷麦田用 72% 的 2，4~D 丁酯 600~700g，或用 40% 二甲四氯 1 500g，对水 225~300kg 喷雾。非阔叶杂草可选用 6.9% 骠马水剂 675~750mL/hm² 或 55% 普草克悬浮液 120~150mL，对水 40~50kg 喷雾防治。②防治小麦丛矮病。在小麦起身期调查灰飞虱虫口密度，一般地块每 0.33m² 有 2 头虫时开始防治。对于秋季发病严重的麦田，要全田进行药剂防治。③平均每 33cm 行长有 150~300 头红蜘蛛时可用 20% 的灭扫利乳油 3 000 倍液，对水 50kg 喷洒，同时，兼治蚜虫。④在纹枯病和白粉病发生区可用 20% 粉锈宁乳油 1 000 倍液或 12.5% 禾果利可湿性粉剂 2 500 倍液喷雾防治。

（4）孕穗期。主要防治小麦白粉病、小麦锈病和小麦吸浆虫。防治措施：①防治小麦白粉病。在麦田白粉病株的发生率达20%~30%，平均严重度达2级时，用粉锈宁每公顷90~120g，对水750~1 125kg，进行常规喷雾。②防治小麦锈病。在小麦条锈病叶达2%以上时施药，方法同白粉病。③防治小麦吸浆虫。主要在4月中下旬，狠抓小麦吸浆虫蛹期药剂防治。可用50%辛硫磷、50%乙基1605、40%甲基异硫磷乳油3kg，对适量水，喷拌细土150~225kg，均匀撒施于麦垄，施药后浇水能提高药效，并能兼治红蜘蛛、麦叶蜂等。④防治赤霉病。于小麦扬花期用25%多菌灵可湿性粉剂250倍液喷雾。⑤防治麦蚜。当小麦百株蚜量达到500头或有蚜株率50%以上时，可用10%吡虫啉可湿性粉剂3 000倍液或20%定虫脒3 000倍液进行喷雾防治。同时，抽穗前要彻底拔除杂草。

（5）抽穗至灌浆期。主要防治小麦蚜虫和小麦吸浆虫。防治措施：①防止麦蚜。要以保护麦蚜天敌为主，当麦蚜天敌与麦蚜比例大于1：200，百株蚜量800~1 000头时施药。可用25%灭幼脲3号悬浮剂，40%乐果1 000~1 500倍，50%马拉硫磷1 000~1 500倍，进行常规药剂喷雾。②防治小麦吸浆虫。主要是对发生较重的地块进行喷雾扫残，方法同孕穗期。③预防干热风和青枯危害，可用磷酸二氢钾250~300液喷雾防治。

（6）成熟期。主要防治黑穗病。防治措施：蜡熟期前后，进行田间普查，拔除田间病株，集中烧毁或深埋，收获期对发病麦田要单收单打，不能留种。

（四）适时收获、安全运贮

当小麦90%成熟时为收获适期，过迟过早会影响外观和加工品质，收获方式以机械化联合收脱为主，不宜用割后堆捂或碾压脱粒，禁止在公路、沥青路面及粉尘污染的地方晒脱，不宜在水泥场上摊晒，以免受到人为污染。做到分品种单收、单打、单贮，确保小麦纯度和品质。

【小贴士】有机大豆施肥技术

有机大豆是一种很常见的农作物，也是很重要的经济作物。现在很多人吃有机大豆，就是因为有机大豆种植不添加氮磷钾，对健康更有利。下面就给大家介绍一下有机大豆施肥技术。

有机大豆施肥技术培育的有机大豆是需肥较多的作物之一，施肥对大豆的优质高产举足轻重。因此，施肥要根据其品种特性、土壤肥力高低以及栽培措施综合考虑。一般情况下，每生产100kg大豆籽粒需吸收氮7.0~9.5kg、磷1.3~1.9kg、钾2.5~3.7kg。其中，以需氮最多，其次是钾，同时还需要充足的硫、铜、钼、硼、锌等中微量元素。大豆所需的氮一部分来自大豆本身根瘤固定的氮，另一部分来自土壤和肥料。

在苗期，大豆吸收的氮仅占总量的4%，开花结荚期对氮的吸收量增大，占总量的19%，结荚及鼓粒期对氮的吸收量更大，占总量的70%左右，鼓粒期以后，对氮素的吸收基本停止。大豆从出苗到初花期吸收的磷素仅占总量的15%，开花结荚期占60%，结荚到鼓粒期占20%。钾素的吸收从出苗到开花期占一生吸收量的32%，这一时期对钾的吸收高于氮、磷，开花到鼓粒期占吸钾总量的62%，而鼓粒期到成熟期仅占6%。总之，结荚期是大豆吸收氮、磷、钾养分最多的时期，而且吸收速度快，如果肥料供应不足，大豆易出现脱肥现象。

（1）微肥拌种。根瘤菌粉拌种：每5kg种子用根瘤菌粉20~30g、清水250g，在盆中把种子与菌粉充分拌匀，晾干后播种。微肥拌种：播种前按每5kg种子称取钼酸铵5~10g，用250g温水充分溶解钼酸铵，然后将肥液喷洒在种子上，使肥液与种子充分接触，晾干后即可播种。对缺硼或缺锌的地块，则要用 0.05% 的硼砂溶液或 0.1% 的硫酸锌溶液进行拌种。

（2）施足基肥。栽培春有机大豆施用基肥以有机肥为好，一般每亩用腐熟的优质农家肥 2 000~3 000kg，再配以少量化肥即可。夏大豆由于时间紧，施用基肥则可以速效性有机肥料或化肥为主。在土壤肥力低的地块，每亩应施氮 6~7kg，磷、钾各 10~12kg；肥力高的地块，施氮量宜为 4~5kg，磷、钾各 8~10kg，撒施后翻耕。

（3）巧施追肥。有机大豆追肥要因地、看苗进行，对未施基肥或基肥不足的地块，就及时进行追肥，一般每亩追尿素 3~4kg 或碳酸氢氨 10~15kg、过磷酸钙 20kg、钾肥 10kg。氮肥可在苗期和初花期各追一半，磷、钾肥宜早追，追施方法以开沟条施为好；对施足基肥的地块，也要根据各阶段的生长情况追肥，若发现苗弱而黄，可适量补充氮肥，以防止脱肥早衰。开花结荚期是大豆需肥最多的时期，应在开花前 5~7 天施用一次速效性肥料，每亩可追施尿素 2~5kg、钾肥 7~8kg，以保证这一时期植株生长对养分的需要。

（4）根外补肥。有机大豆进入花荚期是需要各种营养元素最多的时期，而鼓粒期后植株根系开始衰老，吸收能力下降，大豆常因缺肥而造成早衰减产。大豆叶片对养分有很强的吸收能力，叶面喷肥可延长叶片的功能期，对鼓粒结实有明显促进作用，一般能增产 10%~20%。方法是：每亩可用磷酸二铵 1kg 或尿素 0.5~1kg 或过磷酸钙 1.5~2kg，或用磷酸二氢钾 0.2~0.3kg 对水 50~60kg，于晴天傍晚喷施（其中，如用过磷酸钙要先预浸 24~28 小时后过滤再喷），喷施部位以叶片背面为好。从结荚开始每隔 7~10 天喷 1 次，连喷 2~3 次。

二、无公害蔬菜生产技术规程

无公害蔬菜生产技术包括选择合适的产地、选用优良品种，适时播种和病虫草害等有害生物控制等技术，其中核心技术是肥料的使用和病虫害的防治。施肥要根据蔬菜需肥规律、土壤养分状况和肥料效应，通过土壤测试，确定相应的施肥量和施肥方法，按照有机与无机相结合、基肥与追肥相结合的原则，实行平衡施肥；积极运用农业技术防治蔬菜病虫草害。

（一）产地选择

要求基地周围不存在环境污染，地势平坦，土质肥沃，富含有机质，排灌条件良好。选择的无公害蔬菜生产基地的空气环境条件、土壤条件、灌溉水质要符合《中华人民共和国农业行业标准（NY/T391—2000）绿色食品产地环境条件》中规定的标准。

（1）作为生产无公害蔬菜地块的立地条件，应该是离工厂、医院等3km以外的无公害污染源区。

（2）种植地块应排灌方便，灌溉水质符合国家规定要求。

（3）种植地块的土壤应土层深厚肥沃，结构性好，有机质含量达2%~5%。

（4）基地面积具有一定规模，土地连片便于轮作，运输方便。

（二）栽培技术与田间管理

1. 品种选择

选育优良蔬菜品种　选用抗逆性强、抗耐病虫危害、高产优质的优良蔬菜品种，是防治蔬菜病虫为害，夺取蔬菜优质高产的有效途径。例如，优良品种毛粉802番茄，因植株被生绒毛，不易受蚜虫为害，因而就减少病毒病的发生。

2. 种子处理

选种和种子消毒根据有病虫害的种子重量比健康种子轻，可用风选、水选，淘汰有病虫害的种子。为防治由种子带菌的病害常对种子消毒。

3. 实行倒茬轮作、深耕细作

无论是保护地菜田或露地生产，倒茬轮作都是减轻病虫害发生，充分利用土地资源，夺取高产的主要途径。在倒茬轮作中，同一种蔬菜在同地块上连续生产不应超过两茬。换茬时，不要再种同科的蔬菜，最好是与葱、蒜等辣茬作物轮作。深耕细作能促进蔬菜根系发育，增强吸肥能力，使其生长健壮，同时，也可直接杀灭害虫。

4. 合理施肥

（1）施肥原则。以选用腐熟的厩肥、堆肥等有机肥为主，辅以矿质化学肥料。禁止使用城市垃圾肥料。莴苣、芫荽等生食蔬菜禁用人畜粪肥作追肥。

严格控制氮肥施用量，否则，可能引起菜体硝酸盐积累。

（2）施用方法。

①基肥、追肥：氮素肥70%作基肥，30%作追肥，其中，氮素化肥60%作追肥；有机肥、矿质磷肥、草木灰全数作基肥，其他肥料可部分作基肥；有机肥和化肥混合后作基肥。

②追肥按"保头攻中控尾"进行：苗期多次施用以氮肥为主的薄肥；蔬菜生长初期以追肥为主，注意氮磷钾按比例配合；采收期前少追肥或不追肥。根菜类、葱蒜类、薯蓣类在鳞茎或块根开始膨大期为施肥重点。白菜类、甘蓝类、芥菜类等在结球初期或花球出现初期为施肥重点。瓜类、茄果类、豆类在第一朵花结果牢固后为施肥重点。

③注意事项：看天追肥。温度较高、南风天多追肥，低温刮北风要少追肥或不追肥；追肥应与人工浇灌、中耕培土等作业相结合，同时应考虑天气情况，土壤含水量等因素。

④根外追施叶面肥。

（3）土壤中有害物质的改良。短期叶菜类，每亩每茬施石灰 20kg 或厩肥 1 000kg 或硫黄 1.5kg（土壤 pH 值 6.5 左右）随基肥施入；长期蔬菜类，石灰用量为 25kg，硫黄用量为 2kg。

5. 科学灌溉

（1）基本原则。沙土壤经常灌，黏壤土要深沟排水。低洼地"小水勤浇"，"排水防涝"。

看天看苗灌溉。晴天、热天多灌，阴天、冷天少灌或不灌，叶片中午不萎蔫的不灌，较度萎蔫的少灌，反之要多灌。

暑夏浇水必须在早晨九点前或傍晚五点之后进行，避免中午浇水。若暑夏中午下小雷阵雨，要立即进行灌水。

根据不同蔬菜及生长期需水量不同进行灌溉。

（2）灌溉方法。

沟灌：沟灌水在土壤吸水至畦高 1/2～2/3 后，立即排干。夏天宜傍晚后进行。

浇灌：每次要浇足，短期绿叶菜类不必天天浇灌。

6. 采用蔬菜栽培新技术

推广蔬菜的垄作和高畦栽培，不仅可有效调节土壤的温度、湿度，而且有利于改善光照、通风和排水条件。在播种和定植蔬菜时，应采用地膜覆盖。在保护地菜田要推广膜下暗灌、滴灌、渗灌，在露地菜田要推广喷灌，严禁大水漫灌。这样，不仅可以节约用水，而且还可降低菜田的湿度，减少病害发生。对于蔬菜棚室内温湿度的调节，要实行放顶风，不要放地风。要保持覆膜的清洁，以利于透光。施药时，要用粉尘和烟剂代替喷雾，以降低温度，对于越夏生产的蔬菜，应采用遮阳网、遮阳棚，以减少光照强度。对于果菜类和瓜果类蔬菜，应通过整理枝杈、打尖疏叶等措施，打开通风透光的通路，促进植株生长，并降低病虫为害。

7. 及时清理田园

蔬菜收获后和种植前，都要及时清理田园，将植株残体烂叶、杂草以及各种废弃物清理干净。在蔬菜生育期间，也要及时清理田园，将病株、病叶和病果及时清出田园予以烧毁或深埋，可更好地减轻病虫害的传播和蔓延。

（三）有效防治病虫草害

1. 物理措施

（1）人工捕杀。对于活动性不强、为害集中或有假死性的害虫可以实行人工捕杀。如金龟子、银纹夜蛾幼虫、象鼻虫等，利用假死性将害虫振落进行扑杀。

（2）诱杀。灯光诱杀有趋光性的鳞翅目及某些地下害虫等，利用诱蛾灯或黑光灯诱杀。毒饵诱杀利用害虫的趋化性诱杀，如用炒香的麦麸拌药诱杀蝼蛄，糖醋酒液诱杀小地老虎。潜所诱杀用人工做成适合害虫潜伏或越冬越夏的场所，以诱杀害虫。如在棉铃虫活动期，田间设置杨树枝把诱杀。黄板诱杀用 30cm×40cm 的纸板上涂橙黄色或贴橙黄纸，外包塑料薄膜，在薄膜外涂上废机油诱杀成虫。

（3）高温灭菌。这种方法可以用来杀灭棚或弓棚内蔬菜的病原菌。如霜霉病病菌孢子在 30℃以上时活动缓慢，42℃以上停止活动而渐渐死亡。

（4）隔离保护。根据有迁移为害习性的害虫，应在地块四周挖沟（或利用排水沟），沟内撒药，以杀死迁移的大量害虫。木本中药材的树干上刷涂白剂，可保护树木免受冻害，并防止害虫在树干上越冬产卵及病菌侵染树干。

2. 生物技术

（1）保护和利用害虫天敌。

利用捕食性益虫防治害虫：如螳螂、步行虫、某些瓢虫等。目前在生产上应用较多是瓢虫。

利用寄生性益虫防治害虫：如寄生蜂和寄生蝇，应用较多的是通过人工繁殖赤眼卵蜂，释放在田间可防治多种鳞翅目害虫。

利用有益动物防治害虫：如蛙类、益鸟、鱼类等。蛙的食料中害虫占 70%~90% 以上，消灭害虫能力很强。斑啄木鸟防治越冬吉丁虫幼虫效果达 97%~98.7%，防治光肩星天牛效果达 99%。对于这些有益动物应加以保护和繁殖。

利用天敌微生物防治害虫：包括利用细菌、真菌、病毒等天敌微生物来防治害虫。细菌目前应用较多的是苏芸金杆菌类，如杀螟杆菌、青虫菌、苏芸金杆菌等，是能产生晶体毒素的芽孢杆菌，它们被害虫吃了以后，使害虫中毒患败血病，一般 2~3 天后死亡。寄生于昆虫的真菌如白僵菌，在一定温度条件下，白僵菌孢子萌发，并在虫体内不断生长繁殖，最后使虫体僵硬死亡。寄生于昆虫的病毒可用核多角体病毒和细胞质多角体病毒等类来防治害虫。

（2）施用生物农药。生物农药用后无污染、无残留，是一种无公害农药。目前用于蔬菜的生物农药主要有 BT 乳剂、农抗 120、农用链霉素等，如每公顷用 1 500~1 800 g BT 乳剂加水 750kg 喷雾，可有效防治菜青虫、小菜蛾等害虫。用 2% 农抗 120 水剂 150~200 倍液，可防治白粉病、叶斑病等。用 72% 的农用链霉素 3 000~4 000 倍液，可有效防治软腐病、细菌性角斑病等。

（3）施用无污染的植物性农药。植物农药原料来源广，制作简单，不仅防病杀虫效果好，且无副作用。如用鲜苦楝树叶 1.5kg，过滤后去渣，每千克汁液加水 40kg 喷雾，可防治菜青虫、菜螟虫。用臭椿叶 1 份加水 3 份，浸泡 1~2 天，将水浸液过滤后喷洒，可防治蚜虫、菜青虫等。

3. 化学农药

（1）禁止使用剧毒、高毒、高残留或具有三致（致癌、致畸、致突变）的农药。高毒以上农药如甲拌磷、苏化 203、对硫磷、甲基对硫磷、杀螟威、呋喃丹、涕灭威、久效磷、磷胺、异丙磷、三硫磷、甲胺磷、氟乙酰胺、氧化乐果、灭多威等，禁止在蔬菜生产中使用。滴滴涕、六六六虽为中毒，但为高残留农药，国家早已禁止生产和使用。三氯杀螨醇虽为低毒，但它的原料为滴滴涕，三氯杀螨醇中含有大量滴滴涕，也禁止使用。杀虫脒、除草醚等农药虽毒性不高，但对人有致癌、致畸、致突变作用，国家也禁止使用。生产无公害蔬菜必须遵守国家有关规定。

（2）严格按照农药使用间隔期安全使用。绝大多数农药品种都有间隔使用期限，要严格按照说明使用。对蔬菜生产上允许限量使用的农药，要限量使用。

（3）改进施药技术，合理使用农药。根据病虫害种类、为害方式以及发生特点和环境条件的变化，有针对性的适期施药，严格控制施药面积、次数和浓度。要根据当地病虫害发生规律制订化学防治综合方案，做到多种病虫害能兼治的不要专治，能挑治的不普治，防治一次有效的不要多次治，尽量减少化学农药的施用。

（四）科学安全采收

一是采收前自检。查看是否过了使用农药、肥料的安全间隔期，有条件的可用速测卡（纸）或仪器进行农残检测。

二是采收和分级。要适期采收，采后要做到净菜上市（符合各类蔬菜的感官要求，净菜用水泡洗时，水质应符合规定标准），还要按品质、颜色、个体大小、重量、新鲜程度、有无病伤等方面进行分级。分特级、一级、二级3个等级。

三、无公害苹果生产技术规程

无公害苹果生产技术包括选择合适的园地、选用优良品种、土肥树体管理和病虫害等有害生物控制等技术，其中，核心技术是肥料的使用和病虫害的防治。施肥以有机肥为主，化肥为辅，保持或增加土壤肥力及土壤微生物活性，所施用的肥料不要对果园环境和果实品质产生不良影响；以农业和物理防治为基础，生物防治为核心，按照病虫害的发生规律和经济阈值，科学使用化学防治技术，有效控制病虫害。

（一）园地选择

在生态条件良好，远离污染源，并具有可持续生产能力区域内，选择土层深厚，含有大量有机质，pH 值 6~8，总盐量 0.25%以下，地下水位在 1.5m 以下的土地建园。

（二）栽培技术要点

1. 品种与苗木选择

选择适合当地条件、优质丰产的苹果品种，如美国 8 号、红之舞、恋姬、优系嘎啦、红将军、优系富士、澳洲青苹等。

砧木：苹果砧木以莱芜海棠、难咽、怀来海棠或平邑甜茶为主，矮化中间砧以 M_{26}、MM_{106}、M_9 为主。

苗木规格：选用无病虫生长健壮的优质合格苗木。一级苗根茎粗 1.2cm 以上、高 120cm 以上、5 条以上侧根；二级苗根茎粗 1.0cm 以上、高 100cm 以上、4 条以上侧根；三级苗根茎粗 0.8cm 以上、高 80cm 以上、4 条以上侧根。

2. 栽植

依据地势挖深宽各 0.8m 的水平栽植沟（穴），亩施入有机肥 4 000~5 000kg。

株行距：山地、丘陵果园株行距适当减小，平地果园适当加大；乔砧苗木建园株行距宜选择（2.5~3）m×（3~5）m；矮化中间砧和短枝型品种苗木建园株行距宜选择（2~2.5）m×（3~3.5）m，矮化自根砧苗木建园株行距宜选择（1.8~2.5）m×（2~3）m。

配置授粉树：配置授粉树，以花期相近品种相互授粉为宜，配置比例为（5~8）：1，也可定植苹果专用授粉树，配置比例为 15：1。

3. 土壤管理

（1）深翻改土。分为扩穴深翻和全园深翻，每年秋季果实采收后，结合秋施基肥进行。扩穴深翻为在定植穴（沟）外挖环状沟或平行沟，沟宽 80cm，深 60cm。土壤回填时混以有机肥、表土放在底层，底土放在上层，然后充分灌水，使根土密接。全园深翻为将栽植穴外的土壤全部深翻，深度 30~40cm。

（2）中耕。清耕制果园生长季降水或灌水后，及时中耕松土，保持土壤疏松无杂草。中耕深度 5~10cm，以利调温保墒。

（3）覆草和埋草。覆草在春季施肥，灌水后进行。覆盖材料可以用麦秸、麦糠、玉米秸、干草等。把覆盖物覆盖在树冠下，厚度 10~15cm，上面压少量土，连覆 3~4 年后浅翻 1 次。也可结合深翻开大沟埋草，提高土壤肥力和蓄水能力。

4. 施肥

以有机肥为主，化肥为辅，保持或增加土壤肥力及土壤微生物活性。所施用的肥料不应对果园环境和果实品质产生不良影响。

（1）基肥。秋季果采收后施入。以农家肥为主，混加少量氮素化肥。施肥量按 1kg 苹果施 1.5kg~2.0kg 优质农家肥计算，一般盛果期苹果园每 666.7m² 施 3 000~5 000kg 有机肥。施肥方法以沟施或撒施为主，施肥部位在树冠投影范围内。沟施为挖放射状沟或在树冠外围挖环状沟，沟深 60~80cm；撒施为将肥料均匀撒在树冠下，并翻深 20cm。

（2）追肥。

土壤追肥：每年 3 次，第一次在萌芽前，以氮肥为主；第二次在花芽分化及果实膨大期，以磷钾肥为主，氮磷钾混合使用；第三次在果实生长后期，以钾肥为主。施肥量一般结果树每生产 100kg 苹果需追施纯氮 1.0kg、纯磷（P_2O_5）0.5kg、纯钾（K_2O）1.0kg，施肥方法是树冠下开沟，沟深 15~20cm，追肥后及时灌水。最后 1 次追肥在距果实采收期 30 天以前进行。

叶面追肥：结合喷药每 10~15 天喷 1 次，前期以氮肥为主，后期以磷钾肥为主，也可补施果树生长发育所需的微量元素。常用肥料浓度：尿素 0.3%~0.5%，磷酸二氢钾 0.2%~0.3%，硼砂 0.1%~0.3%。

5. 灌水

灌水时期：有灌溉条件的果园应在花前、花后、果实迅速膨大期、果实采收后及休眠期灌水。

灌水方法：灌水方法必须本着节约用水、提高效率、减少土壤侵蚀的原则。目前有漫灌、畦灌、沟灌、地下灌水、喷灌、滴灌等。

6. 整形修剪

新建果园以小冠疏层形（适用于乔砧密植树，也可在半矮化短枝型品种树上应用，株距 4~5m）、自由纺锤形（适用于矮化中间砧，株距 3m 左右的密植园）、细长纺锤形（适用于矮化自根砧建园、株距 1.8~2.5m）为主，改接新品种园以改良纺锤形为主。修剪采用冬、夏剪结合的周年修剪方法。冬季修剪以整形、调整结构为主，剪除病虫枝，清除病僵果。苹果幼树的整形采取多短截的方法，使其尽快成形，进入结果期后少短截多疏枝，在树体上合理利用空间。夏季修剪包括刻芽、环剥（割）、扭梢、摘心及捋枝等措施。

7. 花果管理

（1）辅助授粉。花期放蜂，人工辅助授粉。每 10 亩放一箱蜜蜂，于开花前 2~3 天放蜂。人工辅助授粉有人工点授、喷粉等方法，在主栽品种开花 1~2 天进行。

（2）疏花疏果。根据树种、品种的特性、花量多少及花的质量，本着留优去劣的原则进行。苹果在花量足的情况下，首先疏除无叶片的花序，保留叶片多而大的花序，疏花时留中心花，疏除边花。留果标准：大型留单果。叶果比（25~40）：1 或 20~25cm 间距留 1 个果。

（3）果实套袋。推广果实套袋，主要在开花后"以花定果"的基础上进行。花后 35~40 天开始套，短时间内套完。套袋 70~90 天后，选择晴天上午 10：00—12：00，15：00—17：00 前去除。

（三）病虫害综合防治

以农业和物理防治为基础，生物防治为核心，按照病虫的发生规律和经济阈值，科学使用化学防治技术，有效控制病虫为害。

1. 农业防治

采取剪除病虫枝、清除枯枝落叶、刮除树干翘裂皮、翻树盘、地面秸秆覆盖，科学施肥等措施抑制病虫害发生。

2. 物理防治

根据害虫生物学特性，采取糖醋液、树干缠草绳和黑光灯等方法诱杀害虫。

3. 生物防治

人工释放赤眼卵蜂，助迁和保护瓢虫、草蛉、捕食螨等天敌，土壤施用白僵菌防治桃小食心虫，利用昆虫性外激素诱杀或干扰成虫交配。

4. 化学防治

根据防治对象的生物学特性和危害特点，允许使用生物源农药、矿物源农药和低毒有机合成农药，有限度地使用中毒农药，禁止使用剧毒、高毒、高残留农药。允许使用的农药每种每年最多使用 2 次。最后 1 次施药距采收期间隔应在 20 天以上。限制使用的农药每种每年最多使用 1 次，施药距采收期间隔应在 30 天以上。

（四）植物生长调节剂的使用

1. 使用原则

在苹果生产中应用的植物生长调节剂主要有赤霉素类、细胞分裂素类及延缓生长和促进成花类物质等。允许有限度使用对改善树冠结构和提高果实品质及产量有显著作用的植物生长调节剂。例如，苄基腺嘌呤、6-苄基腺嘌呤、赤霉素类、乙烯利、矮壮素等，禁止使用对环境造成污染和对人体健康有危害的植物生长调节剂，例如，比久、萘乙酸、2,4-D等。

2. 技术要求

严格按照规定的浓度、时期使用，每年最多使用1次，安全间隔期在20天以上。

（五）果实采收

根据果实成熟度、用途和市场需求综合确定采收期、成熟期不一致的品种，应分期采收。各品种、各等级的苹果都应果实完整良好，新鲜洁净，无异常气味或滋味，不带不正常的外来水分，细心采摘，充分发育，具有适于市场或贮存要求的成熟度。果形应具有本品种应有的特性，具有本品种成熟时应有的色泽。果径指标：大型果，优等品≥70mm，一等品≥65mm，二等品≥60mm；中型果，优等品≥65mm，一等品≥60mm，二等品≥55mm；小型果，优等品≥60mm，一等品≥55mm，二等品≥50mm。

四、无公害食用菌生产技术规程

食用菌是一种高蛋白、低脂肪、无污染、集营养和保健于一体的纯天然食品，经常食用可增强人体的免疫功能，预防多种疾病。随着人民生活水平的不断提高，人们的膳食结构也在不断优化，崇尚纯天然、无污染的绿色食品逐渐成为趋势，食用菌的需求量迅猛增加，市场前景非常广阔。

（一）场地选择

食用菌可根据菌类特性在室内外、大棚或日光温室栽培。生产规模无论大小，生产场地选择和设计都要科学合理，这对食用菌的无公害生产非常重要。选址应远离禽畜场、垃圾堆、化工厂和人流多的地方，且要求交通便利，水源充足且清洁无污染。室外栽培时，应选择土质肥沃、疏松、排灌方便、未受工矿企业污染的土壤。菇房的总体结构应有利于食用菌的栽培管理，具有防雨、遮阳、挡风及隔热等基础设施，地面坚实平整，给排水方便，密封性好，又能通风透气，满足食用菌生长发育对通气、光照等的要求。

（二）栽培管理

1. 选择菌种

必须按照农业部颁布的行业标准 NY/T 528—2002《食用菌菌种生产技术规程》执行，严把菌种生产质量关。对于利用基因工程技术改变基因组构成的食用菌菌种，使用时应按照《农业转基因生物安全评价管理办法》中有关转基因微生物安全管理的规定执行。应根据当地的气候特点，选择适宜的栽培种类及品种，不得使用老化或受到污染的菌种，应选用健壮、优质、抗病的菌种。

2. 栽植要求与生产布局

对培养料和水的要求原料来源要求新鲜、无污染，且尽量使用低毒性残留物质的培养料。覆土材料选用无农药、无化肥污染的荒坡地下土，经太阳曝晒后使用。辅料种类及比例应根据食用菌种类而定，不允许添加含有生长调节剂或成分不明的辅料。生产用水水质应尽可能符合 GB 5749—2006《生活饮用水卫生标准》的要求。覆土栽培所使用的土壤应符合 GB15618—1995《土壤环境质量标准》的要求。对于有富集重金属特性的某些食用菌，在选择覆土材料时必须控制土壤中相应重金属含量不超标。覆土材料不能用高残留农药处理。

在设计上，从灭菌锅、锅炉房到接种室、培养室的距离要尽量短，使灭了菌的菌袋或菌种瓶能直接进入接种室，以减少污染的机会。菌丝培养室和出菇房要有防范措施，如在门窗和通气口处装细纱窗，防止菇蝇、菇蚊等虫源飞入等，门窗要严密，防老鼠钻入危害培养料及子实体等；在防空洞、地道、山洞栽培食用菌时，出入口要有一段距离保持黑暗，以防止害虫飞入，传播菌源。进行保护地或室外栽培的要将周围杂草落叶清除干净，沿四周撒上生石灰粉，防止白蚁和其他害虫进入。在生产前对栽培场所进行全面灭菌、除虫，去除四周杂物，保持环境干净、整洁。

3. 精细管理

注意原料、菌袋和工具的卫生。废料不要堆在栽培室附近，并须经过高温堆肥处理后再用。栽培室的新旧菌袋必须分房隔开存放，绝不可混放，以免旧菌袋的病虫转移到新的菌袋上。栽培工具也要分开使用，并做到严格灭菌和消毒，以预防接种感染和各种继发感染。每次采菇后应清除栽培料上的菇根、烂菇和地面上掉落的菇体，并及时清理菇房，重新消毒。

4. 科学育菌

科学育菌是预防病虫害最经济有效的手段。对于不同种类的食用菌，要按其对生长发育条件的要求，科学地调控培养室的温度、湿度、光线和 pH 值等，并要适当通风换气，促使菌丝健壮生长，防止出现高温高湿的不利环境。在菌种选择、培养料配比、堆料发酵、接种发菌和出菇管理的各个环节都要严格把关，培育健壮的菌丝体和子实体，增强其抗病能力。

5. 施肥

（1）喷施蛋白胨、酵母膏溶液。用 0.1%的蛋白胨和 0.3%的酵母膏溶液喷施菇面，可使菇体肥厚，促进转潮，在室温 14~16℃效果最好。

（2）喷施腐熟人粪尿。将人粪尿煮开 20 分钟，对水 10~20 倍喷施，或新鲜马尿及牛尿液，煮开至无泡沫状时，对水 7~10 倍喷施。如菇床口有小菇，喷完后，可再用清水喷 1 次。

（3）喷施米醋。在菇生长中后期，用 300 倍的食用米醋液进行菇面喷施，在采收前 1~3 天每天 1 次，一般可增产 6%，且色泽更加洁白。

（4）喷施培养料浸出液。发酵腐熟干料 5kg，加开水 50kg 浸泡，冷却后去渣喷施，可延长出菇高峰期，并使子实体肥厚。

（5）喷施菇脚水。切取 2.5kg 洗净的菇脚加水 15kg，煮 15 分钟，取清液再加水 20kg 喷施，可延长高峰期，使子实体肥厚。

（6）喷施豆浆水。黄豆 1kg，磨成豆浆对水 75~100kg，滤液喷施菇面，再用清水喷 1 次。

（7）喷施葡萄糖、碳酸钙溶液。配成含葡萄糖 1%、碳酸钙 0.5% 的溶液，在低于 18℃ 时喷施有促进菌丝生长的作用。

6. 水分管理

培养基的水分要适当。酸碱度要适宜，并随时检测、调整。菇房要经常保持良好通风，空气相对湿度不宜超过 95%。当自然温度达到 16℃ 时，在畦内灌 1 次水，以后每天早、中、晚各喷 1 次水。喷水尽量喷向空间和地面，不要喷到子实体上。在低温季节最好喷洒用日光晒过的温水。

7. 温度管理

菇棚温度最好控制在 10~18℃。当气温较低时，白天延长阳光直射的时间，晚上要盖严草帘，当气温较高时，白天盖上草帘，晚上则揭开草帘。

8. 通风管理

当气温较高时，每天要揭开草帘通风 2~3 小时，低温大风天气少通风；早晚喷水前后加大通风，菇蕾分化期少通风，菇蕾生长期多通风。

9. 光照管理

菇蕾生长期要有稳定的散射光,坚持每天早晚晾晒 1~2 小时,增加弱光直射,出菇期切忌强光直射。

（三）病虫害防治

食用菌本身对病虫害抵抗能力较弱,一旦发生便不易控制。应坚持预防为主、综合防治的原则,主要从选用抗病虫品种、物理防治、生物防治和加强栽培管理等多种途径达到防治目的,农药防治应视为其他防治方法之后的一种补救措施。

1. 农业及物理防治

培养室、栽培室应安装防虫纱窗、纱门、防虫网和诱杀灯等设施来预防病虫害发生。室内灭菌主要采用物理方法,如紫外灯和巴氏法灭菌,一般紫外灯照射 20~30 分钟即可达到杀菌目的,巴氏法则利用蒸汽使室内温度达 60℃并维持 10 小时进行灭菌。一般不得使用甲醛、来苏儿、硫黄等化学药物。对于病虫基数高的老菇棚,在使用前要铲除一层墙皮后抹泥或者高温灭菌。露地栽培时要清除栽培场周围的残菇、感病的菌袋。接种室和超净工作台等采用紫外灯或电子臭氧发生器进行消毒灭菌。栽培原料、工具和其他设施可用巴氏法消毒灭菌。高温是一种非常有效的消毒方式,在培养料堆制发酵或者菇房消毒时,采用此法效果很好,室内或菇床温度应保持在 60℃至少 2 小时,70℃维持 5~6 小时或 80℃维持 30~60 分钟。发生瘿蚊的菌袋,可放在日光下暴晒 1~2 小时或撒石灰粉,也可将瓶栽或袋栽菌块浸入水中 2~3 小时,使菌块中幼虫因缺氧而死亡。此外,变换栽培不同食用菌或菌种变换培养料均可防杂菌。

2. 生物防治

生物防治不污染环境、没有残毒、对人体无害。目前,食用菌生物防治以生物的代谢物和提取物杀虫杀菌最为常见,如用 180~210mg/L 链霉素防治革兰氏阳性细菌引起的病害,用 280~

320mg/L 玫瑰链霉素防治红银耳病，用 180～220mg/L 金霉素防治细菌性腐烂病，利用农抗 120、井冈霉素、多抗霉素等防治绿霉、青霉和黄曲霉等真菌性病害，利用细菌制剂、苏芸金杆菌、阿维菌素来防治螨类、蝇类、蚊类、线虫都可取得很好的效果。

3. 化学防治

化学防治选用符合 NY/T 393—2000《绿色食品农药使用准则》的农药药剂，并严格控制使用浓度和用药次数。在出菇期间，不得向菇体直接喷洒任何化学药剂。可以选择高效、低毒、易分解的化学农药如敌百虫、辛硫磷、克螨特、锐劲特、甲基托布津、甲霜灵等，在没出菇或每批菇采收后用药，并注意应少量、局部使用，防止扩大污染。禁止在菇类生产过程中使用国家明文禁用的甲胺磷、甲基 1605、甲基 1059、久效磷、水胺硫磷、杀虫脒、杀螟威、氧化乐果、呋喃丹、毒杀酚等农药及其他高毒、高残留农药。空间消毒剂提倡使用紫外线消毒和 75% 的酒精消毒，禁止使用 NY/T 393—2000《绿色食品农药使用准则》未列入的消毒剂。培养料配制可采用多菌灵、生石灰或植物抑霉剂和植物农药，如中药材紫苏、菊科植物除虫菊、酯类农药、木本油料植物菜子饼等均可制成植物农药进行杀虫治螨。用石灰、硫黄、波尔多液、高锰酸钾、植物制剂和醋等可防治食用菌多种病害，也可有限制地使用多菌灵、百菌清、扑海因、福美双、乙膦铝、克霉灵、代森锌、托布津、甲基托布津、硫酸铜等来防治食用菌真菌性病害。波尔多液可用于床架消毒。石硫合剂可杀介壳虫、虫卵等害虫，常用于菇房消毒。磷化铝、敌敌畏和植物性杀虫剂除虫菊酯、鱼藤精等，对防治菌蝇、菇蝇、菇蚊、蛾类等多种害虫都有显著的效果，并能有效地杀死空间、床面和培养料中的害虫。

（四）采收、分级、包装与运销

采后处理必须最大限度地保证产品的新鲜度和营养成分。要在适当的成熟度时开始采收，最好分期分批、无伤采收；采收后首先剔除病虫菇、伤残菇，然后根据菌体大小、形状、色泽和完整度合理分级；分级后迅速进行预冷处理或干燥处理；包装要在低温、清洁的场所进行，根据不同食用菌的特点和市场需求，实行产品分级包装，所有包装与标签材料必须洁净卫生；进行保鲜防腐处理时，最好采用辐射保鲜，这样既可杀灭菌体内外微生物、昆虫及酶的活力，也不会留下任何有害残留物，如果使用食品防腐剂，也要严格按照相关国家标准要求操作。包装上市前，应当申请对产品进行质量监督或检验，以获得认证和标识。鲜菇采用冷链运输，防止途中变质。出售时，产品要放置在干燥、干净、空气流通的货架或货柜上，防止在货架期污染变质，并严格在保质期内销售。

（五）加工与贮藏

1. 加工

食用菌加工品主要有干品、罐头、蜜饯等，加工必须执行《中华人民共和国食品卫生法》、NY/T392—2000《绿色食品食品添加剂使用准则》和GB 7096—2003《食用菌卫生标准》。加工场所与环境必须清洁，并远离有毒、有害物质及有异味的场所，加工车间应建筑牢固，为水泥地面，清洁卫生，排水畅通。加工所用的原料要新鲜、匀净、无病变。食用菌加工品在生产加工过程中，要把好制作工艺关，认真按加工工艺操作，除注意环境卫生、加工过程卫生外，在使用各种添加剂、保鲜剂、防腐剂和包装物时，要严格执行GB 2760—1996《食品添加剂使用卫生标准》、GB 9685—1994《食品容器、包装材料用助剂使用卫生标准》等国家标准。各种食用菌制品要符合NY/T 749—2003《绿色食品食用菌》等标准，且在保藏、运输过程中严防微生物污染，以确保质量安全。从事加工的工作人员必须身体健康，有良好的卫生习惯，并定期进行身体检查，不允许有传染病的人上岗。

2. 菌贮藏

食用菌的贮藏可采用低温冷藏法、气调贮藏、化学贮藏和辐射贮藏。贮藏库应配备调温保湿设施，贮藏期间要进行严格的环境监控和制品质量抽查，以保证食用菌品质的稳定。出库后及时销售。

五、无公害猪肉生产技术规程

无公害猪肉生产包括生产养殖和屠宰两个环节。生猪生产环节包括猪场环境与工艺、引种、饲养管理、卫生消毒、运输等技术要求。其中，饲料和饲料添加剂、饮水、免疫和兽药使用是生猪生产的关键环节；屠宰场应获得定点屠宰许可证，并按照《生猪屠宰操作规程》GB/T 17236 和《畜禽屠宰卫生检疫规范》（NY467）规定进行屠宰。

（一）场地环境

1. 猪场环境

场地应选在地势高燥、排水良好、易于组织防疫的地方，场址用地应符合当地土地利用规划的要求。猪场周围 3km 无大型化工厂、矿厂、皮革、肉品加工场、屠宰场或其他畜牧场污染源。距离干线公路、铁路、城镇、居民区和公共场所应具一定距离，周围有围墙或防疫沟，并建立绿化隔离带。

猪场生产区布置在管理区的上风向或侧风向处，污水粪便处理设施和病死猪处理区应在生产区的下风向或侧风向处。经常保持有充足的饮水，水质符合 NY 5027 的要求。场区净道和污道分开，互不交叉。推荐实行小单元式饲养，实施"全进全出制"饲养工艺。

2. 设施设备

猪舍应能保温隔热，地面和墙壁应便于清洗，并能耐酸、碱等消毒药液清洗消毒。内温度、湿度环境应满足不同生理阶段猪的需求。舍内通风良好，空气中有毒有害气体含量应符合 NY/T 388 要求。饲养区内不得饲养其他畜禽动物。猪场应设有废弃物储存设施，防止渗漏、溢流、恶臭对周围环境造成污染。

（二）生产资料

1. 引种

坚持自养自繁的原则；必须引进猪只时，应从具备《种畜禽经营许可证》和《动物防疫合格症》的种猪场引进。不得从疫区引进种猪。猪只在装运及运输过程中没有接触过其他偶蹄动物，运输车辆应做过彻底清洗消毒；引进的种猪隔离观察饲养30天，经当地动物防疫监督机构确定为健康合格后，方可供生产使用。

种猪：应来自规范生产的、无烈性传染病和人畜共患病、无污染的合法经营的种猪场，要求猪群健康无病、体型外貌和生产性能等均符合品种标准要求；所养品种应适应当地的生产条件。

商品仔猪：应来自于生产性能好、健康、无污染、管理良好的种猪群所产的健康仔猪。

2. 饲料与饲料添加剂

饲料应来源于无公害区域的草场、农区、无公害饲料种植地和无公害食品加工产品的副产品，要求无发霉、变质、结块及异味、异臭，其质量应达到各自质量标准和饲料卫生标准（GB 13078）要求。

饲料添加剂应是农业部农牧发〔1999〕7 号文《允许使用的饲料添加剂品种目录》所列入的品种；饲料药物添加剂的使用按农业部农牧发〔1997〕8 号文《允许用做饲料药物添加剂的兽药品种及使用规定》严格执行，不得直接添加兽药，使用药物饲料添加剂应严格执行休药期制度。

3. 动物保健品

选择使用广谱、高效、低毒、低残留的兽药，禁止使用国家明文规定停止使用或有争议的药物品种，并严格按药物使用说明控制用量和保证停药期。

4. 禁用品

禁止在饲料和饮水中添加《禁止在饲料和动物饮水中使用的药物品种目录》中所列的药物，严禁添加、使用盐酸克伦特罗等国家严禁使用的违禁药物。禁止使用有机砷制剂和有机铬制剂。禁止用泔水或垃圾喂猪。严禁以下药物和物质用作猪生长剂：肾上腺素能药（如β-兴奋剂、异丙肾上腺素及多巴胺）、影响生长的激素（如性激素、促性腺激素及同化激素）、具有雌激素样作用的物质（如玉米赤霉醇等）、催眠镇静药（如安定、氯丙嗪、安眠酮等）及农业部禁止作动物促生长剂的其他物质。

（三）生产技术

1. 饲养技术

肉猪即肥育猪的饲养分小猪（体重 20~40kg）、中猪（体重 41~70kg）和大猪（体重 74~100kg）3 阶段饲养，并按不同品种与阶段的猪所需的营养水平饲喂适当的饲料日粮。一般日喂 3 餐，不限量；采用自动饲料槽的栏舍，则实行自由采食。

2. 动物保护技术

工作人员进入生产区必须更衣、换鞋、消毒。保持舍内外环境卫生清洁，选择高效、低毒、广谱的消毒剂，严格对猪舍、场地和饮水消毒。搞好疾病综合防治工作，制定并实行合理的预防免疫程序，杜绝人畜共患病和烈性传染病的发生。

3. 环境污染控制技术

采用科学配料，应用高效饲料添加剂（如酶制剂、微生态制剂、中草药制剂等）和高新技术（如膨化、制粒、热喷等），改变饲料品质、提高饲料利用率，减少排泄物中的磷、氮等对环境的污染。控制饲料中微量元素和药物添加量，减少一些有毒有害物质在肉猪组织的残留和对环境的污染。应用兽用防臭剂和微生物发酵等技术，采用干清粪工艺、自然堆腐或高温堆肥处理粪便；采用沉淀、固液分离、曝气、生物膜以及消毒和光合细菌设施处理污水；降低粪尿的污染，使猪场废水排放达到污水综合排放标准（GD 8978）所规定的"第二类污染物最高允许排放浓度"的要求。做好环境自净工作，利用饲养场地的地形地势，采取植树种草、"猪—沼—果（鱼）"立体生产模式等措施，就地吸收、消纳，降低污染，净化环境。

（四）疫病防治及卫生消毒

（1）猪场入口应设消毒池和消毒间，猪舍周围环境应定期消毒，每批猪只调出后，要彻底清扫干净，然后进行喷雾消毒或熏蒸消毒。

（2）定期对料槽、饲料车、料箱等用具进行消毒，定期进行带猪环境消毒，减少环境中的病原微生物。消毒剂建议选择符合《中华人民共和国兽药典》规定的高效、低毒和低残留消毒剂。

（3）工作人员和外来参观者必须更衣和紫外线消毒后方能入场，并遵守场内防疫制度。工作服不应穿出场外。

（4）无公害生猪饲养场应根据《中华人民共和国动物防疫法》及其配套法规的要求，结合当地实际情况，有针对性地选择适宜的疫苗、免疫程序和免疫方法，进行疫病的预防接种工作。

（5）无公害生猪饲养场应根据《中华人民共和国动物防疫法》及其配套法规的要求，结合当地实际情况制订疫病监测方案，由动物防疫监督机构定期对无公害生猪养殖场进行疫病监测，确保猪场无传染病发生，其中重点监测口蹄疫、猪水疱病等人畜共患病。

（五）运输

商品上市前，应申报检疫，经兽医卫生检疫部门根据

GB16549 检疫合格，并出具检疫合格证明方可上市屠宰。运输车辆在运输前和使用后要用消毒液彻底消毒。运输途中，不应在疫区、城镇和集市停留饮水和饲喂。

（六）屠宰加工

屠宰场应获得定点屠宰许可证，加工水质符合 NY5028 要求，并按照《生猪屠宰操作规程》GB/T17236 和《畜禽屠宰卫生检疫规范》（NY467）规定进行屠宰。

（七）病、死猪处理

需要淘汰、处死的可疑病猪，应采取不放血和浸出物不散播的方法进行扑杀，传染病猪尸体进行无害化处理。有治疗价值的病猪应隔离饲养，由兽医进行诊治。

（八）废弃物处理

猪场废弃物实行减量化、无害化、资源化处理。粪便经堆积发酵后作农业用肥。猪场污水应经发酵、沉淀后才能作液体肥使用。

（九）生产档案

无公害生猪饲养场应建立一系列相关的生产档案，确保无公害猪肉品质的可追溯性。

（1）建立并保存生猪的免疫程序记录。

（2）建立并保存生猪全部兽医处方及用药的记录。

（3）建立并保存生猪饲料饲养记录，包括饲料及饲料添加剂的生产厂家、出厂批号、检验报告、投料数量，含有药物添加剂的应特别注明药物的名称及含量。

（4）建立并保存生猪的生产记录，包括采食量、育肥时间、出栏时间、检验报告、出场记录、销售地记录。

六、无公害肉牛生产技术规程

无公害肉牛生产包括牛场环境与工艺、引种和购牛、饲养管理、卫生消毒、运输等技术要求。其中，饲料和饲料添加剂、饮水、免疫和兽药使用是肉牛生产的关键环节。

（一）场地选择

1. 场地

牛舍场地要求地形平坦、背风、向阳、干燥，牛场地势应高出当地历史最高洪水线，地下水位要在 2m 以下。水质必须符合《生活饮用水卫生标准》，水量充足，最好用深层地下水。要开阔整齐，交通便利，并与主要公路干线保持 500m 以上的卫生间距。牛舍应保持适宜的温度、湿度、气流、光照及新鲜清洁的空气，禁用毒性杀虫、灭菌、防腐药物。牛场污水及排污物处理达标。

2. 设备设施

牛舍应为平干舍，有牛床、运动场，面积不低于 $15m^2$/个，在牛舍前方设有专用饲料槽，运动场设水槽。牛舍地面、墙壁应用水泥清光处理，利于消毒液清洗消毒。在牛舍后墙外修建排污沟，牛粪便经排污沟直接进入农村沼气池无害化处理，减少污染。

（二）生产资料

1. 引种和购牛

在基地范围内实行自繁自养的原则。不得从疫区购进，购进的牛应隔离观察，经临床健康检查无病，并附有检疫合格证。

基础母牛群可为本地母牛，育肥用牛应为杂交肉牛。对于从场外购入的肉牛需要经过严格检疫和消毒。

2. 饲料与添加剂

粗饲料包括牧草、野草、青贮料、农副产品（藤、蔓、秸、秧、荚、壳）和非淀粉质的块根、块茎的使用，应是在无公害食品生产基地中生产的、农药残留不得超过国家有关规定、无污染、无异常发霉、变质、异味的饲料。应具有一定的新鲜度，在保持期内使用，发霉、变质、结块、异味及异臭的原料不得使用。

配合饲料、浓缩饲料和添加剂预混合饲料的购买和使用，必须由畜牧管理部门批准的经销供应，在畜牧技术员的指导下使用。不得私自随处购买和使用。饲料添加剂的使用应严格按照产品说明书规定的用法、用量使用。严禁使用违禁的饲料添加剂。合理使用微量元素添加剂，尽量降低粪尿、甲烷的排出量，减少氮、磷、锌、铜的排出量，降低对环境的污染。

3. 禁用品

禁止使用肉骨粉、骨粉、血浆粉、动物下脚料、动物脂粉、蹄粉、角粉、羽毛粉、鱼粉等动物源性饲料。

(三) 饲养管理

1. 育肥前的饲养管理

牛只购进后 1~2 天内供给充足饮水，少给草料，以后逐渐加料，并过渡到育肥饲料；将牛群称重，按体重大小和膘情分群，并进行药物驱虫。

2. 育肥期间的饲养管理

(1) 饲养方式。采取拴系饲养方式，牛绳长度以舔不到自己的身体为度。

(2) 定时定量饲喂。平均每头牛每天进食日粮干物质为牛活重的 1.4%~2.7%，精粗料比约为 1:4，饲喂过程是先粗后精，先干后湿，定时定量，少给勤添，喂完自由饮水。转入育肥饲养后，要逐渐变更饲料配比，逐渐加大精料给量。

3. 出栏前的准备

(1) 进行膘情评定，确认达到肥育程度（500~550kg）后方可出栏。

(2) 经畜牧部门检疫合格并开具检疫合格证明。

（四）疫病防治

1. 卫生消毒

（1）牛场院内防蚊蝇、防鼠，尽可能切断传播途径，搞好环境卫生，不允许在场内宰杀、解剖和加工牛及其产品。

（2）牛场门口车辆出入处，应设立混凝土结构的消毒池，池深30cm，池长500~800cm，池内加5%火碱水，水深保持15~20cm。牛场门口人员进出处，要设有与车辆进出处同样结构的消毒池，池内铺上麻袋或草袋、草帘，用5%火碱水浸透，并保持足够的水分。

（3）圈舍门口的消毒池与牛场门口人员进出处的消毒池同，长度60~80cm，宽度100~200cm。人员进出圈舍时，在池内踏步不少于5次。

（4）牛场场区每两周进行1次全面消毒，圈舍内每周进行两次带牛消毒。牛场内应备有4种以上不同类型的消毒药（如：碘伏类、二氧化氯或络合氯、复合酚类、季铵盐类、过氧乙酸类等）交替使用。消毒药的使用，应严格按照产品使用说明书中规定的浓度和使用方法进行。

（5）不允许将场外的牛及其产品带入场内，场内的病死牛经过兽医技术人员鉴定后作无害化处理（2m以下深埋或焚烧）

在一批牛出舍后，要进行彻底清扫冲洗，用3%火碱水消毒，然后每立方米空间用甲醛（40~60）mL熏蒸消毒。在下一批牛入舍前再用消毒药液喷洒消毒1次，方法按（5）执行。

（6）饮水槽和料槽，在夏季每天清洗消毒1次，冬季每周清洗消毒2次。

2. 疫病防治

（1）根据本地区疫病流行情况，申请当地畜牧部门技术人员制定适合本场的免疫程序。免疫用疫苗必须由畜牧部门提供，以保证免疫效果。免疫疾病至少包括：炭疽病、五号病、牛出败。

（2）需要进行疾病诊治时，要在兽医技术人员指导下按国家有关规定执行，禁止使用有毒、有害、高残留药品和激素类药物。允许使用正规厂家生产的钙、磷、硒、钾等补充药、酸碱平衡药、体液补充药、电解质补充药、血容量补充药、抗贫血药、维生素类药、吸附药、泻药、润滑剂、酸化剂、局部止血药、收敛药和助消化药、微生态制剂。

抗菌药、抗寄生虫药和生殖激素类药的使用，应严格遵守规定的给药途径、使用剂量、疗程使用并严格执行休药期制度。慎用作用于神经系统、呼吸系统、循环系统、泌尿系统的兽药、具有雌激素样作用的物质，禁止使用催眠镇静药和肾上腺素等兽药。

（3）疫病监测。由动物疫病监测机构定期或不定期进行必要的疫病监测。定期对牛群进行布病、结核病的检疫。

（五）运输

肉牛上市前，应经动物防疫监督机构进行产地检疫，获得《动物产地检疫合格证明》，方可进入牲畜交易市场或屠宰场屠宰。运输车辆在装运前和卸货后都要进行彻底消毒。运输途中，不得在疫区、城镇和集市停留、饮水和饲喂。

（六）病死牛处理

需要淘汰、扑杀的可疑病牛由动物防疫监督机构采取措施处理，传染病牛尸体按国家规定处理。养殖区不能随意出售病牛、死牛。

（七）生产记录

认真做好日常生产记录，记录内容包括牛只标记和谱系的育种记录，发情、配种、妊娠、流产、产犊和产后监护的繁殖记录，哺乳、断奶、转群的生产记录，种牛及育肥牛的来源、牛号，主要生产性能及销售地记录，饲料及各种添加剂来源、配方及饲料消耗记录，防疫、检疫、发病、用药和治疗情况记录。

【案例】河南南阳生态养殖电商化 带出扶贫新成效

位于河南省南阳市桐柏县月河镇西湾村的桐柏农缮农业专业合作社是一家以生态土鸡养殖为主的专业合作社。该社充分利用当地的山地、林地资源，以林下生态养殖带动有机农产品种植，发展有机绿色无公害禽蛋、板栗、大米等生态农副产品。他们按照合作社＋基地＋农户的发展模式，根据本村贫困户的实际情况，筛选识别具备饲养条件的贫困户，实行一户一策，制订详细的养殖销售帮扶计划。

合作社负责人杨广峰在工作中认识到现代农业，尤其是偏远山区的农业发展，离不开互联网的带动效应。于是在产品的推广上致力于深挖生态产品电商营销渠道，让更多的城市消费者选择、信赖桐柏原生态产品。该合作社于 2015 年开设了农饴农产品淘宝形象店。通过参加全县电子商务培训班，进一步坚定了走电商化发展道路的信心。于 2017 年在县城繁华地段开设第一家农饴土鸡蛋线下体验形象店，通过淘宝、微信等多个平台大力进行网络营销。

目前，该合作社通过互联网销售的生态产品占到了销售总额的 60% 以上。在当地政府的组织引导下，农饴合作社除吸纳贫困户发展养殖外，还采取小额贴息贷款分红、到户增收分红以及提供扶贫就业岗位等方式，带动 25 户 97 人周边贫困群众走上生态养殖电商销售的致富之路。

七、无公害鱼类生产技术规程

无公害鱼类养殖过程包括选择场地、饲养、鱼病防治等技术，其中，关键技术是鱼病防治，注意防治鱼类病虫害要符合《渔用药物使用准则》（NY5071）。

（一）场地选择

（1）无公害鱼类对生产基地的要求。无公害鱼类的养殖基地必须建在无化工厂、传染病院、造纸厂、食品加工厂及放射性物质等污染源的环境中。严禁向基地排放未经处理的各种污水，基地养殖水面禁止使用燃油机动船只。

（2）池塘条件。池塘建设要符合无公害养殖标准。注排水渠道分开，避免互相污染；在工业污染和市政污染污水排放地带建立的养殖场应建有蓄水池，水源经沉淀、净化或必要的消毒后再灌入池塘中；池塘无渗漏，淤泥厚度应小于 10cm；进水口加密网（40 目）过滤，避免野杂鱼和敌害生物进入鱼池。

（3）无公害鱼类对大气环境质量的要求。要求大气环境质量标准为：4 种污染物的浓度限值，即总悬浮颗粒物（TSP）、二氧化硫（SO_2）、氮氧化物和氟化物（F）的浓度符合《环境空气质量标准（GB3059—1996）》的规定。

（4）无公害鱼类对养殖水域土壤环境的要求。要求土壤环境中汞、镉、铜、砷、铬（六价）、锌、六六六、滴滴涕的残留量应符合《土地环境质量标准（GB15618—1995）》的规定。

（5）无公害鱼类的养殖对水源水质的要求。水源水质的感官标准（色、嗅、味），卫生指标等一定要符合《无公害食品淡水养殖用水水质标准（NY5051—2001）》的规定。

（二）苗种选择

选择优质的养殖品种和苗种是水产养殖的基础。常见的淡水鱼品种，如青、草、鲢、鳙、鲤、鲫、鳊、鲂、鲶等都是适合无公害养殖的优质品种。优质的苗种应具备体色均匀、规格整齐、体格健壮、顶水能力强、游泳活泼、摄食能力强特点。

（三）饲料

在无公害生产中，鱼类饲料主要是投喂人工饲料。选择无公害饲料时具体要求如下。

（1）根据品种及不同阶段的营养需要确定科学合理的饲料配方。

（2）严格把好原料关。变质的、污染的和不符合无公害要求的原料应拒用。

（3）应购买正规厂家和销售商家的饲料，防止使用不符合无公害要求的劣质饲料。

（4）添加剂的使用（如维生素、无机盐、抗生素、黏合剂、天然促生长剂）要符合我国《兽药典》规范，不能滥用。一些需在投饵时添加的物质（如油类），饲料产品说明中应明确指出添加的量、种类、比例、要求，不可随意添加。

（5）饲料应小心储藏，防止受潮霉变，且应在规定时间内使用。过期或变质的饲料应拒用。

（6）在使用当地的动物性或植物性饲料时，必须保证饲料不变质、无污染，坚持适量使用的原则。

作为无公害鱼饲料，不得添加有砷制剂（如氨苯砷酸）和抗生素药渣；严禁使用违禁药物（包括肾上腺类药、激素及激素类样物质和催眠镇静类药等）；不得使用转基因动植物产品。

（四）养殖技术

1. 放养前准备工作

（1）清塘、消毒。养殖无公害鱼类的池塘，秋末把池水排干，暴晒，冬季冻结池底。连续5年用于越冬的池塘应闲置一个夏季，保持池底干枯，连续养鱼3年以上的池塘一定要彻底清除底泥，最好用生石灰消毒，生石灰的用量75kg/亩。

（2）施基肥。无公害鱼类的养殖要求所施的基肥一定要用0.2mg/L浓度的硫酸铜除臭。肥料的种类包括有机肥和无机肥。肥料的使用方法及施用量可参照《中国池塘养鱼技术规范长江下游地区食用鱼饲养技术（SC/T10165—1995）》要求使用。

（3）注水。注水的时间、水深、水量均同一般养殖。水源的水质一定要符合无公害鱼类的水质标准。

（4）苗种消毒。苗种放养前必须先进行鱼体消毒，以防鱼种带病下塘。一般采用药浴方法，常用药物用量及药浴时间有：3%~5%的食盐5~20分钟；15~20mg/kg的高锰酸钾5~10分钟；15~20mg/kg的漂白粉溶液5~10分钟。药浴的浓度和时间须根据不同的养殖品种、个体大小和水温等情况灵活掌握，以鱼类出现严重应激为度。苗种消毒操作时动作要轻、快，防止鱼体受到损伤，一次药浴的数量不宜太多。

2. 苗种投放

应选择无风的晴天，入水的地点应选在向阳背风处，将盛苗种的容器倾斜于池塘水中，让鱼儿自行游入池塘。

3. 合理的混养

根据自身池塘条件、市场需求、鱼种情况、饲料来源及管理水平等综合因素合理确定主养和配养品种及其投放比例，合理的混养不仅可提高单位面积产量，对鱼病的预防也有较好的作用。此外，混养不同食性的鱼类，特别是混养杂食性的鱼类，能吃掉水中的有机碎屑和部分病原细菌，起到了净化水质的作用，减少了鱼病发生的机会。

4. 早放养

在有条件的情况下提倡早放养，改春季放养为冬季放养或秋季放养，使鱼类提早适应环境。深秋、冬季水温较低，鱼体亦不易患病，同时，开春水温回升即开始投饵，鱼体很快得到恢复，增强了抗病力。

5. 投饲技术

根据鱼类的摄食习性制定合理的投饵方式，投饵率的计算以鱼类八分饱为宜，可参照我国传统生产的"四定"投饲（即定时、定位、定质、定量）和"三看"（看天气、水质、看鱼情）原则，充分发挥饲料的生产效能，降低饲料系数。

（五）鱼病防治

由于鱼类生活在水中，一旦发病不易治疗，故无公害养殖鱼类疾病防治采取"无病先防，有病早治，防重于治"的方针，坚持"以防为主，防治结合"的原则，使用"三效"（高效、速效、长效）和"三小"（毒性小、副作用小、用量小）的渔药，尽量使所用的药物发挥最大药效而药物的残留降到最低。

1. 加强日常管理

每天早晚各巡塘 1 次，观察水色和鱼的动态及水质变化情况；经常清扫食台、食场，每半个月用漂白粉消毒 1 次；每月加注新水 2~3 次，改善水质，提高鱼类的免疫力和抵抗力。

2. 无病先防，有病早治

一般在 7 月底、8 月底和 9 月初每隔 15～20 天用 30mg/L 剂量的生石灰水全池泼洒，防治鱼病；自 7 月底起每隔 20 天左右用防治肠炎类等细菌性疾病的药饵连喂 3 天。鱼类一发病，多出现食欲丧失的症状，无法用药饵治疗，但投喂的药饵对健康鱼有预防性的保护作用，故发现疾病应及时治疗，否则发病率会迅速增加，给治疗带来困难。

3. 正确诊断，对症下药

鱼患病时常会出现一些典型病变，某些寄生虫病肉眼可观察到虫体，对于疾病诊断有帮助。如体表出现盖印章似的病变常见于腐皮病；鳃丝腐烂、鳃盖穿孔见于细菌性烂鳃病等。必要时还可结合解剖检查、实验室检查确诊。针对疾病准确用药。

4. 选择符合无公害要求的药物

所选药物应符合《中华人民共和国兽药典》，并尽可能选用中药，或选用已经临床试验、安全性好、品质保证、残留量少、残留时间短的药物，避免盲目用药。严禁使用高毒、高残留和对环境有严重破坏的渔药；严禁直接向养殖水域泼洒抗生素或将新近开发的人用新药作为渔药的主要或次要成分。无公害养殖禁用的渔药有 40 多种，如氯霉素、孔雀石绿、克伦特罗、己烯雌酚、二甲硝咪唑、其他硝基咪唑类、异烟酰咪唑、磺胺类药、呋喃唑酮、氟乙酰苯醌和糖肽等。

5. 内服外用药物结合使用

细菌性疾病一般都应内服和外用相结合，对于体表寄生虫感染，一般只需使用外用药物即可，但有时采用内服给药也可奏效。另外，切忌用药后见病情好转就擅自停药，过早停药，疾病极易再次发作。

6. 保证一定的休药期

在鱼产品上市前 1 个月或更长时间，停止用药，以确保产品达到无公害食品标准的要求，这是发展无公害鱼类生产的重要措施之一。

（六）贮、运

（1）贮运用水的水质应符合国家的有关规定。鱼在贮运过程中应轻放、轻运，避免挤压与碰撞，注意不得脱水或脱冰。

（2）包装的容器应无毒、无异味，洁净、坚固并具有良好的排水条件。活鱼可用帆布桶、活鱼箱或尼龙袋充氧等盛装，鲜鱼采用竹筐、木桶、塑料箱或塑料桶等。

（3）活鱼宜用活鱼运输车、活水船或有充氧装置的其他运输设备装运。鲜鱼应采取保温、保鲜措施，冰鲜鱼品的温度应控制在 0~5℃，降温用冰应符合国家的有关规定。

（4）运输工具在装鱼前应清洗，做到洁净、无毒且无异味，严防运输途中受到污染。

（5）活鱼贮存可在洁净、无毒、无异味的水泥池、水族箱中，充氧暂养。

八、无公害虾类生产技术规程

无公害淡水虾是指在良好的生态环境下，生产过程符合国家规定的无公害水产品生产技术操作规程，有毒有害物质控制在安全允许范围内的淡水虾产品。无公害淡水虾的养殖包括对产地生态环境质量要求，渔药使用准则，饲料使用准则，肥料使用准则等。

（一）场址选择

1. 场地要求

养殖场要选择在符合国家质量监督检验检疫总局颁布的《农产品安全质量 无公害水产品产地环境要求》GB/T 18407.1—2001 要求的水域，也就是要求选择生态环境良好，无工业废弃物和生活垃圾、无大型植物碎屑和动物尸体，底质无异色、异臭，自然结构，养殖地域内上风向、位于灌溉水源上游，3km 内无任何污染源。养殖场址的选择应考虑土质、供水、供电、地形、交通和通信等因素。

2. 养殖场的布局和结构

场房应尽量居于虾场平面的中部；虾池应在场房的前后；产卵池、孵化设备应与亲虾池靠近；虾苗培育池接近孵化设备；蓄水池应建在全场最高点；污水处理池建在最低处，并能收集全场污水。

虾池可以为正方形，也可以为长方形，虾池池底要求平坦，建有集虾沟，淤泥小于 15cm。虾池可以是泥池或水泥池，进水口应在养殖池的高处，排水口应在养殖池的低处，最好能从排水口排干所有池中的水，进水口用网孔尺寸 0.177~0.250mm 筛绢制成过滤网袋过滤；每个池、排水独立，不允许池间串水，排水应安两个管，一个高位管，以便排出多余的水和过量藻类，另一个低位管，能排尽池中积水和底污。亲虾培育池面积 2 000~6 700m²，水深 0.5~1.0m；苗种培育池面积 15~20m²，水深 1.0~1.5m，商品虾养殖池面积 2 000~6 700m²，水深 0.7~1.5m。池塘应配备水泵、增氧机等机械设备，每亩水面要配置 4 500W 以上的动力增氧设备。

3. 土质

无公害淡水虾对土质的要求不高，黏土、壤土、沙壤土均可以。但要求保水性好，透气性适中，堤坝结实，能抗洪，土壤中汞、镉、铅、砷、铬、铜、锌以及六六六，滴滴涕的含量应符合国家质量监督检验检疫总局颁布的《农产品安全质量无公害水产品产地环境》GB/T 18407.1—2001 中规定的限量要求。

4. 供水

供水包括食用水和养殖用水。食用水必须符合国家饮用水的标准。养殖用水要求有水量充足、水质清新无污染的水源，且无异味，异臭和异色。水质必须符合国家环境保护总局颁布的《渔业水质标准》GB11607—89 和农业部颁布的《无公害食品淡水养殖用水水质标准》NY5051—2001 的要求。淡水虾对水质要求较高，水源水质应相对稳定在安全范围内，水中溶解氧应在每升 5mg 以上，pH 值应在 7.0~8.5。

5. 大气环境

大气环境质量也是影响无公害淡水虾养殖的一个重要因素，淡水虾养殖场周围大气中的总悬浮颗粒，二氧化硫，氮氧化物和氟化物等污染物都应在无公害水产品生产对大气环境质量规定的限量内。

（二）无公害淡水虾的选购和繁育

虾苗可以通过选购和繁育 2 种方法来获得。

1. 虾苗选购

购买虾苗要到符合国家规定的无公害育苗场选购，为了保证虾苗的成活率要求虾苗无伤、无病、活力强、弹跳有力、体色透亮，规格整齐，体长在 1.5cm 以上。

2. 苗种繁殖

一般虾苗的繁殖是在人工条件下进行的。

（1）亲虾来源。虾苗的繁殖离不开亲虾，亲虾要从符合国家规定的良种场引进，不得从疫区或有传染病的虾塘中选留亲虾。也可以选择从江河、湖泊、沟渠等水质良好水域捕捞的符合亲虾标准的淡水虾。亲虾要求甲壳肢体完整，体格健壮、活动有力、无病无伤、规格在 6cm 以上；还有一种方法就是在繁殖季节直接选购规格大于 6cm 的抱卵虾作为亲虾。无论是从哪种渠道所获得的亲虾，在入池前都要进行检疫。检疫合格后才能进行繁殖。

（2）亲虾的运输。为保证亲虾的健康和成活率在运输过程中要带水作业。亲虾的运输方式主要有活水车网隔箱分层运输、水箱运输、塑料袋充氧密封运输。

（3）亲虾池清理消毒。为了防病，亲虾放养前，必须对亲虾培育池进行清理消毒，清除过多的淤泥，用药物进行清塘消毒，达到消除病源和杀死敌害生物的目的。清塘一般每亩使用生石灰 120~150kg 加水全池均匀泼洒。养虾池清塘消毒后，必须进行晒塘，晒塘也可以起到进一步消毒的作用。要求晒到塘底全面发白、干硬开裂，越干越好。一般需要晒 2 周以上。

（4）亲虾的放养密度。虾的放养密度要适当，放养密度太小不经济，放养密度太大水中溶解氧下降，会影响亲虾的健康。一般每亩放养亲虾 45~60kg，雌、雄比为（3~5）：1。

（5）饲料及投喂。亲虾饲料投喂应以配合饲料为主，投喂量为亲虾体重的 2%~5%，饲料安全限量应符合农业部颁布的《无公害食品　渔用配合饲料安全限量》NY5072—2002 的规定。也就是在配合饲料中使用的促生长剂，维生素，氨基酸，脱壳素，矿物质，抗氧化剂或防腐剂等添加剂种类及用量应在无公害水产品生产规定的安全限量内。饲料中不得添加国家禁止使用的药物。在亲虾培育期间可适当加喂优质无毒、无害、无污染的鲜活动物性饲料如小杂鱼，投喂量为亲虾体重的 5%~10%。配合饲料每天投喂 2 次，上午投喂日投喂总量的 30%，黄昏后投喂70%，鲜活动物性饲料要在黄昏时投喂 1 次。

（6）亲虾产卵。5 月，当水温上升至 18℃ 以上时，亲虾开始交配产卵，将抱卵虾用地笼捕出。抱卵虾的卵颜色深，表明卵子产出时间不长，受精卵连接牢固，不易分离；受精卵颜色淡，表明卵子即将孵出，极易掉卵；生产中应选择那些具有淡绿色或灰褐色卵的抱卵虾，这样的抱卵虾孵化时间短，可节省生产成本，同时，卵粒间有一定的黏结度，不致造成大量掉卵，可提高虾苗产量。

（7）抱卵虾孵化。孵化池一般为水泥池，面积在 $20m^2$ 左右，池深 1.5~1.8m。为了达到无公害标准抱卵虾放养前，苗种培育池必须清塘消毒，可用十万分之三的高锰酸钾溶液消毒。消毒要彻底，不留死角，除了池壁，池底都要刷洗到外，增氧设备也要重点清洗消毒，消毒完成后还要用清水冲净才能使用。抱卵虾放养量为每 $20m^2$ 孵化池，放养 1.5~3kg，根据虾卵的颜色，选择胚胎发育期相近的抱卵虾放入同一池中孵化；虾孵化过程中，需每天清晨换水 5~10cm，保持水质清新，从孵化开始的 10~15 天内，每 $20m^2$ 孵化池施腐熟的无污染有机肥 3~9kg。抱卵虾入池 25 天左右，幼虾已基本孵出，这时就可以捕出亲虾了。

3. 苗种培育

虾卵孵出后就进入了苗种培育阶段。

（1）幼体密度。这个时期幼体密度不能太大，苗种池培育幼体的放养密度应控制在每立方米水体 2 000~6 000 尾。

（2）饲料投喂。当所有的幼体都孵化出来后就要开始投喂饲料了，无公害淡水虾苗的饲喂分两个阶段。第一个阶段是幼体孵出后的前 3 周，这个时期需及时投喂豆浆，投喂量为每 $20m^2$ 每天投喂豆浆 300g，以后逐步增加到每天 1.2kg。每天 8：00—9：00、16：00—17：00，各投喂 1 次。

第二阶段是幼体孵出 3 周后到出池的这段时间，这个阶段应逐步减少豆浆的投喂量，增加苗种配合饲料的投喂，配合饲料的安全限量应符合中华人民共和国农业部颁布的《无公害食品 渔用配合饲料安全限量》NY5072—2002 的规定，配合饲料每天投喂量为每 $20m^2$80~100g，每天 7：00—8：00，17：00—18：00，各投喂 1 次。

（3）施肥。养殖水体施用肥料是补充水体中无机营养的重要技术手段，但施用不当则会造成养殖水体的水质恶化并污染环境，影响无公害淡水虾的生产。因此，在苗种培育期间，要控制施肥的次数和数量，一般每 7~15 天施腐熟的有机肥 1 次。每次施肥量为每 20m² 孵化池施 1.5~3kg。同时，注入新水 1 次，注水量为 5~10cm。

（4）疏苗。当幼虾生长到 0.8~1cm 时，为保证幼虾的健康生长要及时疏苗，此时的幼虾培育密度应控制在每平方米 1 000 尾以下。

（5）水质要求。虾苗培育池水质要定期测试，透明度控制在 15~30cm，pH 值 7.5~8.5，溶解氧每升 5mg 以上，氨氮低于 0.4mg/L。亚硝基氮 0.02mg/L 以下，硫化物 0.1mg/L 以下。若 pH 值低于 7.5 时，要适当泼洒生石灰浆，以提高 pH 值，改善水质条件。

（6）虾苗捕捞。经过 15~20 天培育，幼虾体长大于 1.5cm 时，可进行虾苗捕捞，进入无公害商品虾的养殖阶段。虾苗捕捞可用放水集苗捕捞的方法。

（7）虾苗运输。虾苗运输前要准备好运输用水。运输用水必须与幼苗养殖用水的水质相同，这样在运输途中才能保证幼苗的成活率。幼苗的运输一般采用无毒的聚乙烯塑料袋，塑料袋在使用前要检查有无砂眼，防止运输途中漏水造成损失。塑料袋中加入水，将称过重的虾苗倒入袋中，充入氧气。扎紧袋口，就可以装车运输了。

（三）成虾饲养

虾苗放养后就进入了成虾饲养阶段。

1. 放养前准备

虾苗放养前要做一些准备工作，首先是清塘消毒。

（1）清塘消毒。池塘消毒的方法和前面介绍的亲虾池消毒一样。

（2）注水施肥。晒塘完成后就要向池内注水施肥了，虾苗放养前 5~7 天，池塘注水 50~80cm，注水时要检查过滤设施是否完好，以防大型鱼类的进入。注水后，撒施腐熟的有机肥，用量为每 1 500～2 500kg，施肥的目的是培育幼虾喜食的轮虫、枝角类和桡足类等浮游生物。

2. 虾苗放养

准备工作都做好后就可以进行放苗了。放苗应选择在 7—8 月进行。每亩放养虾苗 10 万～12 万尾。

放苗时应注意的事项：一是放养前先取池水试养虾苗，在证实池水对虾苗无不利影响时，才开始正式放养虾苗；二是池水 pH 值和溶解氧含量都要与育苗池相近。三是放苗时先将盛有虾苗的袋放入池水里浸泡 20 分钟，使虾苗袋内水温接近池水水温后可以进行放苗了。四是同一养殖池内最好用同一批孵化培育的虾苗，且 1 次放足；五是要将虾苗放到浅水区的密网上，让它们自行离开，以便清除病死虾和计数。

3. 饲养管理

虾苗放养后就进入了商品虾饲养管理阶段。在商品虾的日常饲喂中，饲料的投喂应遵循"四定"投饲原则，做到定质、定量、定位、定时。

（1）饲料要求。无公害淡水虾的养殖中，应提倡使用配合饲料，配合饲料应无发霉变质、无污染，其安全限量要求符合中华人民共和国农业部颁布的《无公害食品　渔用配合饲料安全限量》NY5072—2002 的规定；鲜活饲料应新鲜、适口、无腐败变质、无毒、无污染。

（2）投喂方法。在饲喂中要掌握科学的投喂方法，每日投 2 次，每天 8：00—9：00、18：00—19：00 各 1 次，上午投喂量为日投喂总量的 1/3，余下 2/3 傍晚投喂；饲料一般投喂在离池边 1.5m 的水下，可多点式，也可一线式投喂。

（3）投喂量。饲料的投喂量也要有一定要求。在不同季节，配合饲料的日投喂量也不相同，我们可以根据放苗的时间大致推算出此时虾的体重，再根据虾的体重来决定饲料的投喂量。一般应遵循下边的原则，6月日投喂量为虾体重的4%~5%；7月、8月、9月3个月日投喂量为虾体重的5%；10月日投喂量为虾体重的5%~4%。实际生产中投喂量还应结合天气、水质、水温、摄食及蜕壳情况等灵活掌握，适当增减投喂量。以虾既能吃饱又不剩料为宜。

（4）水质管理。水质管理也是商品虾无公害生产中的一项重要管理工作。放养后的前1个月为养殖前期，第二个月为养殖中期，2个月后为养殖后期。养殖前期，池水透明度应控制在25~30cm，养殖中期，透明度应控制在30cm，养殖后期，透明度应控制在30~35cm。每个时期池水水色都应保持黄绿色或黄褐色，pH值在7.8~8.6，溶解氧4mg/L以上，氨氮0.5mg/L以下，亚硝基氮0.02mg/L以下，硫化物0.1mg/L以下。

施肥调水：施肥可以达到调节水质的目的。一般在养殖前期每10~15天施腐熟的有机肥1次，中后期每15~20天施腐熟的有机肥1次，每次施肥量为每亩（667m²）施50~100kg。

注换新水：为了调节水质在养殖期间要多次注换新水，一般养殖前期不换水，每7~10天注新水1次，每次10~20cm；中期每15~20天注换水1次，换水量为15~20cm；后期每周1次，每次换水量为15~20cm。

底质调控：由于底质也会对水质产生影响，因此，适时进行底质调控是很必要的。底质调控的方法：一是要适量投饵，减少剩余残饵；二是要定期使用水质底质改良剂对池塘底质进行调控，一般用量为每亩（667m²）3~5kg，每月使用1~2次。

泼石灰水：泼石灰水能起到调节池水pH值的作用。淡水虾饲养期间，每15~20天每亩（667m²）用生石灰10kg，化成浆液后全池均匀泼洒。泼石灰水不仅能调节池水的pH值，而且还能对池水起到消毒作用。

（5）巡塘。巡塘是养殖中一项重要的管理工作。每天早、晚各巡塘 1 次，观察水色变化以及虾活动、摄食和蜕壳等情况；检查塘基有无渗漏。发现缺氧，立即开启增氧机或用水泵冲水。

（6）增氧。生长期间，为了保证虾的健康，要对虾池进行增氧。一般每天凌晨和中午各开增氧机 1 次，每次 1~2 小时；雨天或气压低时，延长开机时间 1 小时。

（7）抽查。抽查是了解虾生长情况和及时发现问题的有效途径。每 10~15 天用虾笼抽样 1 次，抽样数量要大于 50 尾，检查虾的生长、摄食情况，检查有无病害，以此作为调整投喂量和药物使用的依据。

4. 病害防治

正确的病害防治方法是生产无公害淡水虾的关键。养殖过程中出现的疾病主要有黑鳃病、软壳病、纤毛虫病、肠炎病、红腿病和红体病。黑鳃病症状为虾鳃组织变黑、鳃丝萎缩糜烂。软壳病症状为虾壳变软，虾因脱壳困难而死亡。纤毛虫病症状为虾的鳃、体表、附肢上出现一层黑色绒状物，病虾呼吸困难。患肠炎病的虾解剖后发现肠道呈黑色，无食物，有的肠壁出现糜烂现象。红腿病症状为附肢变红。红体病症状为病虾不摄食，体表色素扩散，尾、足发红。

对病害的防治首先要认识清楚淡水虾疾病及其特征，对症下药；其次要了解药物的性状和作用，药物对环境的影响以及淡水虾对药物的反应特点合理用药；再有就是为保证淡水虾的无公害品质要控制用药。总之使用防治药物应符合中华人民共和国农业部颁布的《无公害食品 渔用药物使用准则》NY5071—2002 的要求。在无公害淡水虾的疾病治疗中还要考虑到药物的残留应符合国家对无公害水产品的要求，因此，在用药时要注意各种药物的休药期。

5. 捕捞

经过 3~4 个月的饲养，当虾长到 5cm 以上时就可以捕捞了。

在成品虾的运输途中为了确保无公害产品的品质，在运输用水中可加入适量的冰块，以减少虾的死亡。

【新技术】六种稻田养殖模式

稻田养殖是一种根据生态经济学原理在稻田生态系统进行良性循环的生态养殖模式，既可以在省工、省力、省饲料的条件下收获相当数量的水产品，又可以在不增加投入的情况下促使稻谷增收一成以上，下面来看一看有哪些稻田养殖模式吧！

稻田养鱼

模式一：稻田养鱼

稻田养鱼以水稻为主，兼顾养鱼，既可获得鱼产品，又可利用鱼来吃掉稻田中的害虫和杂草，同时鱼的排泄粪肥和翻动泥土促进肥料分解等为水稻生长创造良好条件，达到水稻增产鱼丰收的目的，一般可使水稻增产一成左右，养殖鱼类以草鱼、鲤鱼为主，也可养殖鲫、鲢、鳙、鲮等。

稻田养鳅

模式二：稻田养鳅

稻田养鳅是一种比较简便的养殖方式，但需要加高加固田埂，进排水口做好防逃设施，在田中挖"井"字形沟，宽30~40cm，深50cm，每亩放鳅苗1 000~2 000尾，用家畜粪便和堆肥作基肥，每天投喂豆饼、菜饼、米糠等，田间管理按普通稻田管理，每亩可产成鳅在50kg以上。

模式三：稻田养虾

在稻田四周开挖环沟并利用稻田的浅水环境，既种植水稻又养殖小龙虾，水稻于4月下旬至5月上旬下种育秧，于5月底至6月初开始栽插秧苗，采用浅水、宽行、密株的栽插方法，并适当增加田埂内侧环沟两旁的栽插密度以发挥边际优势。小龙虾放养规格为200~300尾/kg，密度为3 000~4 000尾/亩，时间在4—5月。

稻田养虾

稻田养蟹

模式四：稻田养蟹

稻田养蟹是一种稻蟹共生的种养模式，水稻种植采用大垄双行、边行加密、测土施肥、生物防虫害等技术方法，使养蟹稻田光照充足、病害减少，既保证了水稻产量，又生产出优质水稻。河蟹养殖采用早暂养、早投饵、早入田，不仅能清除稻田杂草，预防水稻虫害，同时，粪便又能提高土壤肥力。

稻田养鳝

模式五：稻田养鳝

稻田黄鳝养殖模式是将保水性能较好的稻田稍加改造后作为养殖基地，稻田的改造主要是在稻田里挖 1 条或几条小鳝沟，另在稻田埂上布设防逃网。稻田养鳝的优点很多，既不影响水稻的耕作、管理和收获，也可利用稻田里良好的浅水条件和遮阴环境实行黄鳝的半人工、半野生养殖，从而提高农田产出率。

模式六：稻田养蛙

稻田养蛙是一种稻蛙共生的种养模式，不但可以控制稻田害虫为害、减少了农药使用量，而且保持了青蛙生存的自

稻田养蛙

然状态，有利于蛙的生长发育，节省养殖成本。同时，稻田养蛙的增收明显，放养蛙的水田种稻利用率80%左右，虽因有效种植面积减少导致水稻总产约减20%，但经济效益却大大增加。

第二节　绿色食品生产技术

一、绿色蔬菜生产技术

(一) 制定绿色食品蔬菜生产技术

绿色食品蔬菜的生产必须符合绿色食品的相应要求，每一个生产单位，应该根据要求，制定相应的生产技术规程。这个规程包括生产基地的选择、基地生产环境的保护、具体的生产措施、病虫害综合防治、肥水科学管理、产品的检测以及制定适合本单位具体情况的某一种蔬菜的专项操作规程。制定了规程以后，就应严格按规程操作。

（二）选用优良的蔬菜品种和育苗技术

选用优良的蔬菜品种，是绿色食品蔬菜生产的基础。种子的质量好，品种的抗病性、抗逆性强，不但可以夺取高产，提高蔬菜的质量，而且可以减少农药的使用量。科学育苗是绿色食品蔬菜生产的关键之一。工厂化育苗、电加温线育苗和保护地育苗是目前条件下培育壮苗的必须手段。在育苗之前，必须进行种子消毒。种子消毒的方法主要有以下几种。

（1）热水烫种。将种子投入5倍于种子重量的具有一定温度的热水中浸烫，并不断搅动，使种子受热均匀，待水温降至30℃时停止搅动，转入常规浸种催芽。番茄、辣椒和十字花科蔬菜种子用50~55℃的热水浸烫，可防猝倒病、立枯病、溃疡病、叶霉病、褐纹病、炭疽病、根肿病、菌核病等。黄瓜和茄子种子用75~80℃的热水烫种10分钟，能杀死枯萎病和炭疽病病菌，并使病毒失去活力。西瓜种子用90%的热水烫3分钟，随即放入等量的冷水，使水温立即降至50~55℃，并不断搅动，待水温降至30℃时，转入常规浸种催芽，能杀死多种病原体。

（2）干热消毒。将种子置于恒温箱内处理。番茄、辣椒和十字花科蔬菜种子需在72℃条件下处理72小时，茄子和葫芦科的种子需75℃处理96小时。豆科的种子耐热能力差，不能进行干热消毒。此法几乎能杀死种子内所有的病菌，并使病毒失活，但在消毒前一定要将种子晒干，否则，会杀死种子。

（3）药剂消毒。即用药剂浸种或拌种，如用0.1%的多菌灵溶液浸泡瓜类种子10分钟，可防枯萎病；浸泡茄果类种子2小时，可防黄萎病。如用10%的高锰酸钾溶液浸种20分钟，可防治茄果类蔬菜的病毒病和溃疡病等。但必须注意，不管用哪种药剂消毒后，都要将种子冲洗干净（拌种除外），方可转入常规浸种催芽或直播。

（4）复方消毒。即热水烫种与药剂消毒相结合，或干热消毒与药剂消毒相结合。如黄瓜、番茄用热水烫种后，再在500g浸种水中加50%多菌灵浸种1小时，可防治黄瓜枯萎病、蔓枯病、炭疽病、菌核病，番茄灰霉病、叶霉病、斑枯病；将热水烫过的茄子种子再放到0.2%的高锰酸钾溶液中浸20分钟，对黄萎病、病毒病、绵疫病和褐纹病有良好防效。将干热消毒后的种子再用磷酸三钠消毒，其杀菌效果更好。在做好种子消毒工作后，春季育苗要做好苗床的温光控制，力争秧苗在保暖的基础上多照光，天气晴好和秧苗适应时要揭去小环棚薄膜，增强秧苗的光合作用。要以"六防"即防徒长、防老僵、防发病、防冻害、防风伤、防热害为中心，加强苗床管理。夏季育苗要注意覆盖遮阳网，它可以遮强光，降高温，保湿度，还可以防暴雨冲刷，提高出苗率和成苗率。夏季育苗的水分管理应注意"三凉"即凉地、凉苗、凉时浇灌，这样有利于秧苗健壮生长。

（三）病虫害的科学防治技术

绿色食品蔬菜生产的关键技术是病虫害的综合防治。病虫害综合防治技术主要有以下几种。

（1）农业防治利用农业生产过程中各种技术措施和作物生长发育的各个环节，有目的地创造有利于作物生长发育的特定生态条件和农田小气候，创造不利于病虫生长繁殖的条件，以控制和减少病虫对作物生长造成的为害。主要措施有轮作，把根菜、叶菜、果菜类蔬菜合理地组合种植，以充分利用土壤肥力，改良土壤，并直接影响土壤中寄生生物的活动。蔬菜轮作首先要考虑在哪些蔬菜之间进行轮作。如黄瓜枯萎病的轮枝菌的寄主范围较广，若选择茄科的马铃薯或茄子轮作，病害会越来越重，因为他们都是轮枝菌的寄主。

（2）物理防治技术病虫害的物理防治技术在绿色食品蔬菜

生产中的应用前景会越来越好。

①在高温季节进行土壤消毒：夏季高温期间，在大棚两茬作物间隙进行灌水，然后在畦上覆盖塑料薄膜，进行高温消毒。既杀灭了病虫，又减缓了大棚内的土壤次生盐渍的进程，是一项既省钱省力，又十分有效的措施。

②安装频振式杀虫灯杀虫：频振式杀虫灯是近几年推广的集光波与频振技术与一体的物理杀虫仪器，据上海市蔬菜科学技术推广站 2002 年的应用结果证明，它的杀虫谱广，种类达 26 种，其中，有鳞翅目的小菜蛾、斜纹夜蛾、银纹夜蛾、甘蓝夜蛾、甜菜夜蛾、玉米螟；鞘翅目的金龟子、猿叶甲；同翅目的蚜虫；直翅目的油葫芦、蟋蟀等。在 5—10 月的 6 个月中，平均每灯的捕虫量在 1 000 g 左右。每盏灯一般可控制 1~2 hm² 菜田，挂灯高度在 100~120 cm，挂灯时间依各地的天气而定，一般在 4—11月。实践表明，挂杀虫灯的菜田不但减少了虫害，降低了虫口密度，而且还少用了农药。

③利用防虫网防虫：在夏秋季节的绿色食品蔬菜生产中，实施以防虫网全程覆盖为主体的防虫措施十分有效，能有效防止小菜蛾、斜纹夜蛾、甜菜夜蛾、青虫、蚜虫等多种虫害。第一，防虫网覆盖栽培应注意选择 20 目左右的网，过密则通风情况不好；第二，要注意在盖网之前对地块进行消毒和清洁田园；第三，覆盖要密封。

④利用趋性灭虫：如用糖液诱集黏虫、甜菜夜蛾；用杨树枝诱杀棉铃虫、小菜蛾等。方法是把糖液钵按一定的距离放于菜田中，每 10~15 天换 1 次糖液。在田间放一定数量的杨树枝，诱使棉铃虫在上面产卵，然后把有锦铃虫卵的杨树枝清除、烧掉，以达到灭虫效果。另外，利用黄板诱杀黄色趋性的蚜虫、温室白粉虱、美洲斑潜蝇等；利用银灰膜避蚜等都有较好的功效。

（3）生物防治技术：生物防治技术可以取代部分化学农药，

不污染蔬菜与环境。如利用赤眼蜂卵防治棉铃虫、菜青虫，利用丽蚜小蜂防治温室白粉虱，利用烟蚜茧蜂防治桃蚜、棉蚜等。又如利用苏云金杆菌（Bt）防治青虫、小菜蛾，用武夷菌素（BH-10）水剂防治瓜类白粉病。另外，可利用生物农药如百草一号、苦参碱、烟碱等防治青虫、小菜蛾、蚜虫、粉虱、红蜘蛛等，效果比较明显。

（4）化学防治技术在绿色食品蔬菜生产中，重点是正确掌握病虫害的化学防治技术。应该在病虫测报的基础上，选择高效、低毒、低残留的化学农药，如安打、米满、抑太保、锐劲特等。使用时必须严格掌握浓度和使用量，掌握农药的安全间隔期，实行农药的交替使用。特别要注意对症下药，适期防治，以达到用药少，防效好的目的。

（四）合理的施肥技术

在绿色食品蔬菜生产中，要增施有机肥，控制化肥，特别是氮化肥的使用量，化肥应与有机肥配合使用，化肥应该深施。叶菜类在收获前10～15天停止追肥，特别是氮化肥。有机肥应进行无公害处理，必须经充分堆制、沤制的腐熟有机肥才可使用；要根据有机肥的特性进行施肥，如堆肥、厩肥适用各种土壤和作物，而秸秆类肥料一般含碳氮比较高，在秸秆还田时必须同时使用适量高氮的肥料如尿素、人畜粪等，以降低碳氮比，加速腐熟。要根据作物的生长规律施肥。如叶菜类全生育期需氮较多，生长盛期需适量磷、钾肥；果菜类在幼苗期需氮较多，而进入生殖生长期则需磷较多而氮的吸收量略减。要根据绿色食品蔬菜生产的特点，结合土壤肥力状况进行施肥。

（五）科学而严格的管理

绿色食品蔬菜生产必须有一套科学而严格的管理制度，以确保每个环节都按照制定的技术规程来操作。要建立以单位或基地负责人为首的，由技术负责人、质量检验员、田间档案记录员等参加的生产质量检查工作班子，并有明确的分工，做到职责明确，分头把关，对绿色食品蔬菜生产过程进行严格管理，全程控制，这是绿色食品生产关键中的关键。

二、绿色食品花生生产栽培技术

（一）种子选择及处理

根据生产和种源条件，选用优质、高产、抗逆性强的中晚熟大花生品种。种子纯度大于98%，净度大于99%，发芽率大于95%，含水量低于13%。播种前15天将带壳的花生种日晒2~3天后，手扒去壳，选择大小均匀一致，籽粒饱满的种仁备播，播前10天进行1次发芽试验。

（二）整地

冬前或早春机耕25cm以上，耕匀，及时耙耢。起垄4月下旬，实行机械起垄，垄距85~90cm，垄高12cm，垄面宽55~60cm，垄沟宽30cm。

（三）施肥

冬前或早春随机耕每667m^{2}铺施有机肥2 000kg，N、P、K含量分别为7%、8%、10%的复混肥80kg。花生播种时随花生播种机每667m^{2}跟施N、P、K含量分别为7%、8%、10%的复混肥20kg，要注意肥种隔离。

（四）播种

4月中旬至下旬，有墒抢墒，无墒造墒，实行机械播种。双行距85~90cm，墩距15~18cm，每667m^{2}播种8 700~9 800墩，每墩2~3粒种子。播种方式为机播。起垄、跟施种肥、播种、除草、覆膜一条龙机械作业。播种时每667m^{2}用40%连封乳油250~300mL，对水100kg，随播种机均匀喷施除草。选用厚度0.004mm，宽900mm的聚乙烯地膜，随播种机覆盖，要拉紧盖严。

（五）田间管理

花生幼苗顶膜时，及时将地膜开孔引花生苗出膜。引苗时间在上午 8：00 前。花生出苗后及时检查出苗情况，如有缺苗现象用催好芽的种子坐水补种。当花生叶片连续 3 天中午出现萎蔫，要进行浇水，浇水方法喷灌，每 $667m^2$ 浇水量 $30m^3$。

（六）病虫害防治

1. 蚜虫

每百墩花生有蚜虫 1 000 头时，每 $667m^2$ 用 5%辟蚜雾可湿性粉剂 10~15g 对水 40~50kg，全株均匀喷雾防治。

2. 棉铃虫

每百墩有二龄前的棉铃虫 40 头时，用 BT 可湿性粉剂 400~500 倍液均匀喷雾，每 $667m^2$ 喷药液 50~75kg，或每 $667m^2$ 用 25%灭幼脲 3 号 30~40g 对水 50kg，全株喷雾。

3. 叶斑病

花生叶斑病在发病初期每 $667m^2$ 喷 0.2 度石硫合剂药液 50kg；当病叶率达到 10%时，用 2%农抗 120 水剂 150 倍或 10%宝丽安可湿性粉剂 1 000 倍，每 $667m^2$ 喷药液 50~70kg，每隔 7~10 天喷 1 次，连喷 2~3 次。

4. 禁止使用的化学农药

无机砷杀虫剂、有机砷杀菌剂、有机锡杀菌剂、有机汞杀菌剂、氟制剂、有机氯杀虫剂、有机氯杀螨剂、卤代烷类熏蒸杀虫剂、有机磷杀虫剂、有机磷杀菌剂、氨基甲酸酯杀虫剂、二甲基甲脒杀虫杀螨剂、拟除虫菊酯类杀虫剂、取代苯类杀虫剂、植物生长调节剂、二苯醚类除草剂。

（七）适时收获

收获时间一般在 9 月上旬，花生成熟期收获。收获时先将田间的残膜捡起来，然后镢刨、提蔓、抖土、摘果，做到无残果、无碎果。花生收获后要单运，及时日晒，当水份降到 13%以下时扬净入库储藏，以备销售、加工或做种。

第三节 有机食品生产技术

一、有机茶生产技术规程

（一）有机茶生产基地规划与建设

1. 基地规划

有机茶生产基地应按有机茶产地环境条件的要求进行选择。基地规划应有利于保持水土，保护和增进茶园及其周围环境的生物多样性，维护茶园生态平衡，发挥茶树良种的优良种性，便于茶园排灌、机械作业和田间日常作业，促进茶叶生产的可持续发展。根据茶园基地的地形、地貌，合理设置场部（茶厂）、种茶区（块）、道路、排蓄灌水利系统，以及防护林带、绿肥种植区和养殖业区等。新建基地时，对坡度大于25°，土壤深度小于60cm以及不宜种植茶树的区域应保留自然植被。对于面积较大且集中连片的基地，每隔一定面积应保留或设置一些林地。

2. 道路和水利系统

设置合理的道路系统，连接场部、茶厂、茶园和场外交通，提高土地利用率和劳动生产率。建立完善的排灌系统，做到能蓄能排。有条件的茶园建立节水灌溉系统。茶园与四周荒山陡坡、林地和农田交界处应设置隔离沟、带；梯地茶园在每台梯地的内侧开一条横沟。

3. 茶园开垦

茶园开垦应注意水土保持，根据不同坡度和地形，选择适宜的时期、方法和施工技术。坡度15°以下的缓坡地等高开垦；坡度在15°以上的，建筑等高梯级园地。开垦深度在60cm以上，破除土壤中硬塥层、网纹层和犁底层等障碍层。

4. 茶树品种与种植

品种应适应当地气候、土壤和茶类，并对当地主要病虫害有较强的抗性。加强不同遗传特性品种的搭配。种子和苗木应来自有机农业生产系统，但在有机生产的初始阶段无法得到认证的有机种子和苗木时，可使用未经禁用物质处理的常规种子与苗木。种苗质量应符合国家标准中的 1 级、2 级标准。禁止使用基因工程繁育的种子和苗木。采用单行或双行条栽方式种植，坡地茶园等高种植。种植前施足有机底肥，深度为 30~40cm。

5. 茶园生态建设

茶园四周和茶园内不适合种茶的空地应植树造林，茶园的上风口应营造防护林。主要道路、沟渠两边种植行道树，梯壁坎边种草。低纬度低海拔茶区集中连片的茶园可因地制宜种植遮阴树，遮光率控制在 20%~30%。对缺丛断行严重、密度较低的茶园，通过补植缺株，合理剪、采、养等措施提高茶园覆盖率。对坡度过大、水土流失严重的茶园应退茶还林或还草。

重视生产基地病虫草害天敌等生物及其栖息地的保护，增进生物多样性。

建设每茶园时应考虑隔 2~3hm² 茶园设立一个地头积肥坑。并提倡建立绿肥种植区。尽可能为茶园提供有机肥源。

制定和实施有针对性的土壤培肥计划，病、虫、草害防治计划和生态改善计划等。建立完善的农事活动档案，包括生产过程中肥料、农药的使用和其他栽培管理措施。

（二）土壤管理和施肥

1. 土壤管理

定期监测土壤肥力水平和重金属元素含量，一般要求每 2 年检测 1 次。根据检测结果，有针对性地采取土壤改良措施。采用地面覆盖等措施提高茶园的保土蓄水能力。将修剪枝叶和未结籽的杂草作为覆盖物，外来覆盖材料如作物秸秆等应未受有害或有毒物质的污染。采取合理耕作、多施有机肥等方法改良土壤结构。耕作时应考虑当地降水条件，防止水土流失。对土壤深厚、松软、肥沃，树冠覆盖度大，病虫草害少的茶园可实行减耕或免耕。提倡放养蚯蚓和使用有益微生物等生物措施改善土壤的理化和生物性状，但微生物不能是基因工程产品。行距较宽、幼龄或台刈改造的茶园，优先间作豆科绿肥，以培肥土壤和防止水土流失，但间作的绿肥或作物必须按有机农业生产方式栽培。土壤pH值低于4.5的茶园施用白云石粉等矿物质，而高于6.0的茶园可使用硫黄粉调节土壤pH值至4.5~6.0的适宜范围。土壤相对含水量低于70%时，茶园宜节水灌溉。灌溉用水符合国家标准的要求。

2. 科学施肥

（1）肥料种类。有机肥，指无公害化处理的堆肥、沤肥、厩肥、沼气肥、绿肥、饼肥及有机茶专用肥。但有机肥料的污染物质含量应符合表1的规定，并经有机认证机构的认证。

矿物源肥料、微量元素肥料和微生物肥料，只能作为培肥土壤的辅助材料。微量元素肥料在确认茶树有潜在缺素危险时作叶面肥喷施。微生物肥料应是非基因工程产物，并符合国家相关标准的要求。

土壤培肥过程中允许和限制使用的物质见附录A。

禁止使用化学肥料和含有毒、有害物质的城市垃圾、污泥和其他物质等。

（2）施肥方法。基肥一般每667m² 施农家有机肥1 000~2 000kg，或施用有机肥200~400kg，必要时配施一定数量的矿物源肥料和微生物肥料，于当年秋季开沟深施，施肥深度20cm以上。追肥可结合茶树生育规律进行多次，采用腐熟后的有机液肥，在根际浇施；或每667m² 每次施商品有机肥100kg左右，在茶叶开采前30~40天开沟施入，沟深10cm左右，施后覆土。叶面肥根据茶树生长情况合理使用，但使用的叶面肥必须在农业部登记注册并获得有机认证机构的认证。叶面肥料在茶叶采摘前10天停止使用。

（三）病、虫、草害防治

遵循防重于治的原则，从整个茶园生态系统出发，以农业防治为基础，综合运用物理防治和生物防治措施，创造不利于病虫草孳生而有利于各类天敌繁衍的环境条件，增进生物多样性，保持茶园生物平衡，减少各类病虫草害所造成的损失。

1. 农业防治

换种改植或发展新茶园时，选用对当地主要病虫抗性较强的品种。分批多次采茶，采除假眼小绿叶蝉、茶橙瘿螨、茶白星病等为害芽叶的病虫，抑制其种群发展。通过修剪，剪除分布在茶丛中上部的病虫。秋末结合施基肥，进行茶园深耕，减少土壤中越冬的鳞翅目和象甲类害虫的数量。将茶树根际落叶和表土清理至行间深埋，防治叶病和在表土中越冬的害虫。

2. 物理防治

采用人工捕杀，减轻茶毛虫、茶蚕、蓑蛾类、卷叶蛾类、茶丽纹象甲等害虫的为害。

利用害虫的趋性，进行灯光诱杀、色板诱杀、性诱杀或糖醋诱杀。

采用机械或人工方法防除杂草。

3. 生物防治

保护和利用当地茶园中的草蛉、瓢虫和寄生蜂等天敌昆虫以及蜘蛛、捕食螨、蛙类、蜥蜴和鸟类等有益生物，减少人为因素对天敌的伤害。允许有条件地使用生物源农药，如微生物源农药、植物源农药和动物源农药。

4. 农药使用原则

禁止使用和混配化学合成的杀虫剂、杀菌剂、杀螨剂、除草剂和植物生长调节剂。植物源农药宜在病虫害大量发生时使用。矿物源农药应严格控制在非采茶季节使用。

从国外或外地引种时，必须进行植物检疫，不得将当地尚未发生的危险性病虫草随种子或苗木带入。

有机茶园主要病虫害及防治方法见附录 B。

有机茶园病虫害防治允许、限制使用的物质与方法见附录 C。

（四）茶树修剪与采摘

1. 茶树修剪

根据茶树的树龄、长势和修剪目的分别采用定型修剪、轻修剪、深修剪、重修剪和台刈等方法，培养优化型树冠，复壮树势。覆盖度较大的茶园，每年进行茶树边缘修剪，保持茶行间20cm 左右的间隙，以利田间作业和通风透光，减少病虫害发生。修剪枝叶应留在茶园内，以利于培肥土壤。病虫枝条和粗干枝清除出园，病虫枝待寄生蜂等天敌逸出后再行销毁。

2. 采摘

应根据茶树生长特性和成品茶对加工原料的要求，遵循采留结合、量质兼顾和因树制宜的原则，按标准适时采摘。手工采茶宜采用提手采，保持芽叶完整、新鲜、匀净，不夹带鳞片、茶果与老枝叶。

发芽整齐，生长势强，采摘面平整的茶园提倡机采。采茶机应使用无铅汽油，防止汽油、机油污染茶叶、茶树和土壤。采用清洁、通风性良好的竹编网眼茶篮或篓筐盛装鲜叶。采下的茶叶应及时运抵茶厂，防止鲜叶变质和混入有毒、有害物质。

采摘的鲜叶应有合理的标签，注明品种、产地、采摘时间及操作方式。

（五）转换

常规茶园成为有机茶园需要经过转换。生产者在转换期间必须完全按本生产技术规程的要求进行管理和操作。茶园的转换期一般为 3 年。但某些已经在按本生产技术规程管理或种植的茶园，或荒芜的茶园，如能提供真实的书面证明材料和生产技术档案，则可以缩短甚至免除转换期。

已认证的有机茶园一旦改为常规生产方式，则需要经过转换才有可能重新获得有机认证。

（六）有机茶园判别

茶园的生态环境达到有机茶产地环境条件的要求。

茶园管理达到有机茶生产技术规程的要求。

由认证机构根据标准和程序判别。

二、有机蔬菜生产技术规程

有机蔬菜生产过程中不使用化学合成农药、化肥、除草剂和生长调节剂等物质以及基因工程生物及其产物，遵循自然规律和生态学原理，采取一系列可持续发展的农业技术，协调种植平衡，维持农业生态系统持续稳定，且经过有机认证机构鉴定认可并颁发有机证书。

（一）有机蔬菜基地基本要求

1. 基地选择

基地是有机蔬菜生产的基础，其生态环境条件是影响产品质量的重要因素之一。有机蔬菜基地的土地应是完整的地块，其间不能夹有进行常规生产的地块，但允许夹有有机转换地块；有机蔬菜基地与常规地块交界处必须有明显标记，如河流、山丘、人为设置的隔离带等。

基地的环境条件主要包括大气、水和土壤等。虽然目前有机农业还没有一整套对环境条件的要求和环境因子的质量评价体系，但作为有机产品生产基地应选择空气清洁、水质纯净、土壤未受污染、具有良好生态环境的地区，其环境因子指标应达到国家土壤质量标准、灌溉水质量标准和大气质量标准等。避免在废水污染和固体废弃物周围 2~5m 范围内进行有机蔬菜生产。

2. 转换期

由常规生产系统向有机生产转换通常需 2 年时间，其后播种的蔬菜收获后才可作为有机产品；多年生蔬菜在收获之前需经过 3 年转换时间才能作为有机产品。转换期的开始时间从向认证机构申请认证之日起计算，生产者在转换期间必须完全按有机生产要求操作。经 1 年有机转换后的田块中生长蔬菜，可作为有机转换产品销售。

（二）有机蔬菜栽培管理

1. 品种选择

应使用有机蔬菜种子和种苗。在得不到认证的有机种子和种苗的情况下（如在有机种植的初始阶段），可使用未经禁用物质处理的常规种子。应选择适应当地土壤和气候特点，对病虫害有抗性的蔬菜种类及品种，在品种选择中要充分考虑保护作物遗传多样性。禁止使用包衣种子和转基因种子。

2. 种子处理技术

种子消毒是预防蔬菜病虫方法经济有效，可应用天然物质消毒和温汤浸种技术。天然物质消毒可采用高锰酸钾 300 倍液浸泡 2 小时、木醋液 200 倍液浸泡 3 小时、石灰水 100 倍液浸泡 1 小时或硫酸铜 100 倍液浸泡 1 小时。天然物质消毒后温汤浸种 4 小时。

3. 土壤和棚室消毒

对于进行预期轮作仍然存在问题的菜地，选用物理的或天然物质进行土壤消毒。土壤消毒物质可采用 3~5 度石硫合剂、晶体石硫合剂 100 倍液、生石灰 3 715kg/hm²、高锰酸钾 100 倍液或木醋液 50 倍液。苗床消毒可在播种前 3~5 天，用木醋液 50 倍液进行苗床喷洒，盖地膜或塑料薄膜密闭；或用硫黄

（0.15kg/m²）与基质混合，盖塑料薄膜密封。

4. 轮作换茬和清洁

田园有机蔬菜生产基地应采用包括豆科作物或绿肥在内的至少3种作物进行轮作。1年只能生长1茬蔬菜的地区，允许采用包括豆科作物在内的2种作物轮作。前茬蔬菜腾茬后，彻底打扫和清洁，将病残体全部运出基地销毁或深埋，以减少病害基数。

（三）有机蔬菜肥料使用技术

1. 允许使用的肥料种类

生产有机蔬菜允许使用有机肥料（包括动植物的粪便和残体，植物沤制肥、绿肥、草木灰和饼肥等，通过有机认证的有机专用肥和部分微生物肥料）和部分矿物质（包括钾矿粉、磷矿粉和氯化钙等物质）。

2. 肥料使用方法

肥料使用应做到种菜与培肥地力同步进行。使用动物肥和植物肥数量以1：1为宜。每种蔬菜一般底施有机肥45~60t/hm²，追施有机专用肥1 500kg/hm²。要施足底肥，将施肥总量的80%用作底肥，结合整地将肥料均匀混入耕作层内，以利根系吸收。同时，要巧施追肥。对于种植密度大、根系浅的蔬菜可采用铺肥追肥方式，即当蔬菜长至3~4片叶时，将肥料晾干制细，均匀撒到菜地内，并及时浇水；对于种植行距较大、根系较集中的蔬菜，可开沟条施追肥，注意开沟时不要伤断根系，将肥料撒入沟内，用土盖好后及时浇水；对于种植行株距大的蔬菜，可采用开穴追肥方式。

（四）有机蔬菜病虫草害防治技术

有机蔬菜在生产过程中禁止使用所有化学合成农药，禁止使用由基因工程技术生产的产品。有机蔬菜病虫草害防治要坚持"预防为主，防治结合"的原则。通过选用抗病品种、高温消毒、合理肥水管理、轮作、多样化间作套种、保护天敌等农业措施和物理措施综合防治病虫草害。

1. 病害防治

可使用石灰、硫黄和波尔多液防治蔬菜多种病害。允许有限制性地使用含铜材料，如氢氧化铜、硫酸铜等杀真菌剂来防治蔬菜真菌性病害。可用抑制作物真菌病害的软皂、植物制剂或醋等物质防治蔬菜真菌性病害。高锰酸钾是一种很好的杀菌剂，能防治多种病害。允许使用微生物及其发酵产品防治蔬菜病害。

2. 虫害防治

提倡通过释放寄生性捕食性天敌动物（如赤眼卵蜂、瓢虫和捕食螨等）来防治虫害。允许使用软皂、植物性杀虫剂或当地生长的植物提取剂等防治虫害。可在诱捕器和散发器皿中使用性诱剂，允许使用视觉性（黄粘板）和物理性捕虫设施（如防虫网）防治虫害。可以有限制地使用鱼藤酮、植物来源的除虫菊酯、乳化植物油和硅藻土杀虫。允许有限制地使用微生物及其制剂，如杀螟杆菌、Bt 制剂等。

3. 杂草控制

通过采用限制杂草生长发育的栽培技术（如轮作、绿肥和休耕等）控制杂草。提倡使用秸秆覆盖除草。允许采用机械和电热除草。禁止使用基因工程产品和化学除草剂除草。

三、 有机葡萄生产技术规程

（一）园地选择与规划

1. 园地要求

园区应地形开阔、阳光充足、通风良好、排灌水良好，应远离城区、工矿区、交通主干线、工业污染源、生活垃圾场等，其生态环境必须符合：土壤环境质量符合 GB15618-1995 中的二级标准，pH 值以 6.5~7.5 为宜且土质较疏松；灌溉用水水质符合 GB5084 的规定，环境空气质量符合 GB3095-1996 中二级标准和

GB9137 的规定。

2. 规划

葡萄生产区域应边界清晰，并建立以田间道路、天敌栖息地、大棚或其他农业生产等为基础的缓冲带，同时尽可能避免有机生产、有机转换生产和非有机生产并存，如出现平行生产，则必须制订和实施平行生产、收获、储藏和运输的计划，具有独立和完整的记录体系，能明确区分有机产品与常规产品（或有机转换产品）。

（二）栽培方式

宜采取避雨栽培方式，架式可结合避雨栽培条件选用双十字"V"形架、飞"鸟"形小棚架或平棚架。在使用塑料薄膜时，只允许选择聚乙烯、聚丙烯或聚碳酸酯类产品，并且使用后应从土壤中及时清除，禁止焚烧，禁止使用聚氯类产品。

有机葡萄的植株管理同常规葡萄生产，如根据品种特性、架式特点、树龄、产量等确定结果母枝的剪留强度及更新方式，进行合理的冬季修剪；在葡萄生长季节，采用抹芽、定枝、新梢摘心、副梢处理等夏季修剪措施对树体进行整形控制，增强通风透光，以减轻病害发生。为提高果实品质，在果实成熟期前 20~30 天，可以对葡萄进行环割，环割宽度一般在 3~5mm。

采用疏花、疏果、疏穗、疏粒等常规方式对葡萄果穗进行处理，以控制产量、提高果实的品质。进入盛果期的葡萄园，亩产一般控制在 1 250kg 以内。需要特别强调的是，禁止使用任何激素如赤霉素、CPPU 等对果穗进行拉长或膨大处理。

（三）土、肥、水管理

1. 土壤管理

葡萄生长季节及时中耕松土，保持土壤疏松，松土深度 10~20cm；每年果实采收后结合秋施基肥进行全园深翻，将栽植穴外的土壤全部深翻，深度 30~40cm。

有机葡萄园应提倡生草覆草技术，这样既有利于保墒和保持土壤肥力，减轻日灼、气灼等生理病害的发生，又体现了生物多样性，为天敌提供了良好的栖息地。有机葡萄园区进行生草时，一方面可以直接利用葡萄园区的草资源，对高秆杂草加强管理，使其不影响葡萄的生长；另一方面可以在4月前后，在葡萄行间种植不含转基因的白三叶草（应使用经过认证过的有机草种）。覆草时间一般在7月前后，将其刈割后覆盖在树根周围。

2. 施肥管理

生产前期可购买认证过的有机肥；持续有机葡萄生产园区应制订土壤有机培肥计划，如在自身葡萄生产园区，结合"园区生草–养殖业（养鸡、鸭、羊）"等进行绿肥或堆肥。绝对不能使用化学肥料、不能使用含有转基因的物质如转基因豆粕或经任何化学处理过的物质作为肥料，限制使用人粪尿，必须使用时，应当按照相关要求进行充分腐熟和无害化处理。

补充钾肥可用草木灰，补充磷肥可使用高细度、未经化学处理的磷矿粉。在施用磷矿粉时应与农家肥经充分混合堆制后使用。

在生长季节培肥的基础上，以施基肥为主，秋季施入，每 666.7m² 施入 1 000~1 500 kg 有机肥。双十字"V"形架、飞"鸟"形小棚架栽培采用沟施，在行间挖条状沟；平棚架栽培在树冠外围挖放射状沟或环状沟。沟深 30~40cm。

3. 水分管理

补水时期，一是萌芽到开花期，当土壤湿度低于田间持水量的 65%~75% 时；二是新梢生长期至果实膨大期，当土壤湿度低于田间持水量的 75% 时；三是果实迅速膨大期，以及新梢成熟期，当土壤湿度低于田间持水量的 60% 时；四是果实发育后期傍晚或清晨，土壤湿度低于田间持水量的 70%~80%，少量补水。

补水方法以采用滴灌法为宜。水质在符合 GB5084 规定的基础上，应加强有机葡萄生产周边水质的监控，以免由于水质受污染而影响有机葡萄生产。

进入雨期，土壤湿度超过田间持水量的 85% 时，通过畦沟、排水沟、出水沟进行排水，达到雨停畦沟内不积水，大暴雨不受淹。

（四）病虫鸟害防治

1. 基本原则

要从葡萄的整个生态系统出发，综合运用各种防治措施，创造不利于病虫害孳生和有利于各类天敌繁衍的环境条件，保持农业生态系统的平衡和生物多样化，减少各类病虫害所造成的损失。

2. 主要病虫害

霜霉病、黑痘病、灰霉病、白腐病、炭疽病、灰霉病、白粉病；透翅蛾、二星叶蝉、金龟子、吸果夜蛾、粉蚧、虎天牛；麻雀、白头翁等。

3. 控制措施

（1）农业防治。应优先采用的防治方法。主要措施有：秋冬季和初春，及时清理病僵果、病虫枝条、病叶等病组织，减少果园初侵染菌源和虫源；生长季节及时摘除病穗、病叶；加强夏季栽培管理，避免树冠郁蔽；应尽量利用灯光、色彩诱杀害虫，机械捕捉害虫。

（2）物理防治。采取防虫、鸟网、树上挂废弃的碟片和树干涂白等措施降低病虫、鸟的为害；采取果实套袋，以切断病菌传播途径和避免鸟的危害。套袋应采用葡萄专用果实袋，于花后 25~40 天果穗整形后套袋，纸袋质量应符合 "GB11680 食品包装用原纸卫生标准" 的规定，套袋时需要避开雨后的高温天气，套袋时间不宜过晚。为了提高葡萄着色，应于采收前 10~20 天摘袋，摘袋时不要将纸袋一次性摘除，先把袋底打开，逐渐将袋去除。

（3）生物防治。使用 BT、白僵菌等真菌及其制剂防治葡萄透翅蛾。

（4）物质防除。在上述方法不能有效控制病虫害时，允许使用下列物质控制病虫害：在害虫发生初期，采取天然除虫菊、鱼藤酮、苦参及其制剂等防治葡萄透翅蛾、叶蝉等；在葡萄萌芽始期采用 3 波美度石硫合剂喷施枝条和地面以铲除病菌；在葡萄生长季节使用波尔多液作为保护剂防治病菌侵入，浆果膨大期前使用浓度为硫酸铜∶石灰∶水＝1∶（0.3～0.5）∶200，其后使用浓度为硫酸铜∶石灰∶水＝1∶1∶200。

（五）采收、包装、贮藏

要结合品种特性，适时采收。采摘时一手托住果穗，另一手握剪刀，将果穗剪下置于专用果筐内；放置时轻拿轻放，不要擦掉果粉。

为了提高果实商品性，应对采回的果实进行分级包装，包装材料应符合国家卫生要求和相关规定，提倡使用可重复、可回收和可生物降解的包装材料。包装应简单、实用、设计醒目，禁止使用接触过禁用物质的包装物或容器。

未能及时销售的有机葡萄，应置于冷藏仓库进行短期贮藏，标志清楚。仓库应清洁卫生，禁止有任何有害生物和有害物质残留。

（六）记录控制

有机葡萄生产者应建立并保护相关记录，从而为有机生产活动可溯源提供有效的证据。记录应清晰准确，这些记录主要包括以病虫害防治、肥水管理、花果管理等为主的生产记录，为保持可持续生产而进行的土壤培肥记录，与产品流通相关的包装、出入库和销售记录以及产品销售后的申、投诉记录，等等。记录至少保存 5 年。

参考文献

胡仕孟，何卫军．2016．农产品质量安全执法［M］．北京：中国农业科学技术出版社．

徐玉红，王群生．2014．农产品质量安全读本［M］．北京：中国农业科学技术出版社．

张驰，张晓东，王登位，等．2017．农产品质量安全可追溯研究进展［J］．中国农业科技导报，01．